大是文化

나는 테슬라에서
인생 주행법을 배웠다

從蘋果到特斯拉

我學會駕馭人生

從底層外來生物晉升到主管，
厲害的矽谷人怎麼工作？
不做社畜，
那些工作上能做自己的人做了什麼？

曾任蘋果及特斯拉採購、現任特斯拉電池採購組組長
朴奎河——著
莊曼淳——譯

CONTENTS

第2章

人生沒有白走的路，但是有彎路——065

第3章

前進矽谷

第4章

不是我行我素，而是做出態度

第5章

從蘋果到特斯拉，我學會駕馭人生——231

推薦序

嘗試帶來見識，見識帶來膽識

尚學管理顧問有限公司總經理、郝聲音 Podcast 主持人／郝旭烈

曾有人問我：「是什麼契機讓你著手寫書，並成為一位作家的？」

我思考後告訴他：「您應該問，是什麼原因讓我願意放棄高薪的經理人工作、決定裸辭回到臺灣，並試著成為一位家庭主夫；或是問我當初是在怎樣的機緣下，從半導體公司轉戰金融界和銀行業。」

若再往下追問，還有許多能夠繼續問下去的問題，例如：為何一個學財務的人，會跑到台積電？為什麼會從一名家教老師，變成小型補習班的班主任？為什麼會去經營直銷？為什麼會去餐廳駐唱？為什麼大學會選擇念工業工程，而研究所時，又決定轉讀企業管理，並主修財務？

當我把這一連串疑問丟回給提問者時，他整個人都懵了。

後來，我告訴他，所有的問題貌似都有解答，但也可能根本找不出答案。因為不論你扮演的是哪一種角色，眼前都不會只有一個選擇。

而真正的關鍵在於，當下我做了一個適當的抉擇，接著就用「行動」把這個角色向前推進。如同我經常掛在嘴上的幾句話：「不做不知道」、「做了才知道」、「輸得起就好」。

誠如本書所述：「人生沒有白走的路！」對我而言，走過的每一步都算數。至於是什麼路，書中的另一句話為這件事給出了最好的註解——**「不是我行我素，而是做出態度。」**也就是說，應當認真付出，用心感受。

駕馭人生，從來不是執著於「我只能這樣」的固定型思維，而是「我還可以怎麼做？」的成長型思維，讓自己擁有更多經歷，掌握更多選擇。

畢竟，人生道路本來就是寬廣的，若想要有個好選擇，首先要有很多的選項。這必須透過不斷的嘗試，才能擁有更多見識，以及勇往直前的膽識。

駕馭人生，就是一路遇見美麗的過程。想，是問題；做，才是答案。誠摯推薦這本書，也期待各位在閱讀過後能夠學會駕馭人生，並享受幸福。

各界推薦

「作者具有很強的危機處理能力，再困難的案子都能成功，是一位優秀傑出的人才。身為矽谷電動車產業中心的同僚、商業夥伴和朋友，真心恭喜他出版了第一本書。」

——小出健（松下控股株式會社副社長）

「本書講述作者在蘋果、特斯拉的工作經歷。也描繪了有關跨國企業和經營的實務故事，是年輕人生活在不確定時代的重要指引。」

——金寶英（漢陽大學經營學系教授）

「成就現實、夢想和目標之間的平衡絕非易事，但作者總是能做到。本書收錄了我們都該效法的真人真事。」

——Katie Wang（福特供應鏈總監）

「年輕世代可以透過作者所傳達的實質性解決方案，設計出符合自身的時間投資組合。我也非常好奇他的下一個人生故事。」

——崔秀安（L&F代表理事／副會長）

前言

我在矽谷的各種衝撞與嘗試

來到美國的日子已經邁入第九年。經過激烈的求職戰爭、在矽谷站穩腳步之後，好不容易稍微有點空閒時間可以環顧四周時，我突然發現，在矽谷工作的亞洲人比我想像中還要多，他們帶著各自的故事生活在這塊土地。

每個人一步步累積從業經歷，成為自身專業領域的世界級專家，獲得高額年薪及優渥的福利，並和家人在此建立安樂小窩；或是脫離擾攘壓抑的都市，盡情享受溫和的氣候與好天氣，徜徉在悠閒的生活氛圍中……。

「好可惜。」我不自覺吐出這短短的一句話，我擔心人們會因來到美國而與故國漸行漸遠。我還在韓國時，對當時的社會環境有諸多不滿，然而，當我來到他鄉生活後，這才發現祖國對自己來說其實比想像中更重要，也會希望他變得更好。

事實上，我一直想要在某個時機點，透過分享自身經驗和故事，報答國家社會的給予。因此，我試著在腦海中整理並寫下在矽谷生活時感受到的點點滴滴，以及和人們談話的內容。

後來，出現了讓我下定決心把這些內容整理成書的契機。當我在美國看到韓國正面臨人口斷層的新聞時，逐漸認知到整件事的嚴重性。之後，在回國探望父母的途中，看到從兒時就開始經營的幼稚園突然歇業時，這才切身意識到眼前的現實。

人口即國力（GDP＝人口數×人均生產率）。如果想要增加GDP（編按：Gross Domestic Product，國內生產毛額），不，若想維持現狀的話，就應該增加人均生產率。倘若國家要更進一步發展，年輕世代就得盡情發揮能力。我在這些年輕人身上看到學生時期的自己，所以想在他們培養面對未來的能力時，提供一些幫助。

回美國後，我立刻回想過往十年多的經驗和記憶，試圖整理出自己當年感到徬徨、四處碰撞，一步步學習後，得到的那些無比清晰的體悟。

從大學生到企業經營者，我想透過自身故事交流的對象相當多元，範圍也非常廣泛。最終，我鎖定兩種類型的讀者，如同對朋友說故事般，寫下這本書。

首先是困於現況、需要新的問題解決方案與創新思想的企業，以及在處理問題的方式上，感受到結構性困境的實務人員。在我往來韓國與美國之間時，曾親身感受到多數企業都想引進矽谷工作方式。

雖然我在矽谷與各類公司，尤其是韓國供應商合作時學到許多，卻也看到不少令人扼腕的時刻，像是因無法洞察核心而錯失商機，或是將焦點集中在流程上，更想得到以結果為主的解答等。

再者，簡報提案裡也有太多需要補足之處。身為採購人員的我，既不能改變客戶的提案和方向，也無法明目張膽的說：「如果你們願意做些修正，就更能具備全球競爭力與革新能力。」只能在心中默默覺得惋惜。

除了商業角度，從產業整體來看，我也時常在想，為何製造業會停滯不前？我認為，這產業需要一名「馬斯克」，以便激發新的成長動力，以及付諸行動的競爭力。如果無法針對企業與產業結構進行劃時代的改革，未來恐無比黯淡。因此，我希望本書可以成為企業和社會為了打造更好前景的指引。

第二個類型是認為自己的未來動向不明的人。例如：迫切需要職業規畫的求職人士、剛踏入社會的新鮮人、從事實務工作且已是副組長或科長級別的上班族、計畫前往或已經在海外就學的學生——尤其是正在準備ＭＢＡ（編按：Master of

Business Administration，企業管理碩士），卻還沒有明確目標的人。

雖然我在準備ＭＢＡ時也有類似感受，不過大家通常會將重點放在「ＧＭＡＴ」（編按：Graduate Management Admission Test，研究生管理科入學考試）上，以及使用何種策略才能考上全球排名前幾名的學校。換言之，人們並沒有機會站在「留學是不是個人最佳選擇、為何要去留學、到那之後要做些什麼？」等長期觀點上有所規畫。

不只是留學，從高中、大學畢業到成為社會人士，仍須不斷苦惱未來的出路與職業生涯，不像學生時期那般，會有告訴我們正確答案的補習班，更缺乏可以一起煩惱這些問題的平臺或人脈。

我想和現今正獨自煩惱自身職涯規畫的上班族與學生們，分享我在韓國擔任工程師，莽莽撞撞學習商業知識，並將其轉換成事業的過程；準備ＭＢＡ時的失敗與成功故事，以及對自我內心深刻反省的經驗。

同時，我也想講述初次踏上美國後，孤軍奮戰的故事、在矽谷從獨立貢獻者（編按：Individual Contributor，簡稱ＩＣ，流程或專案負責人，不負擔管理責任）做起，到部門主管的職涯成長過程，以及在其中經歷過的各種嘗試。即使身處的環境與想法有所差異，但期望透過我的例子，能幫助讀者們發現全新可能性的契機。

在生平第一次寫書的過程中，我再次體悟到，這並非單憑一己之力就能完成的事。每當我站在命運的抉擇路口時，總會有人直接或間接的幫助我，讓我可以更加客觀的審視自己。

感謝在我對學業和未來充滿苦惱的大學生和社會新鮮人時期，透過偉人們的例子，幫助我培養思考能力的雄來；從MBA時期至今，與我互相傾訴煩惱，並點燃正向力量和鼓勵的傑克森；予以傾聽且提出有意義的問題，使我能重新思考自身價值的詹姆士；認可我追求的價值、鼓勵我的妻子——明，以及讓我知道為人父母喜悅的奧莉維亞和諾亞。

更重要的是，我要向讓我出生在韓國、給予我幸運的父母，與承受我青春期壓力的弟弟等，表達無限的謝意。最後，我想透過這本書，成為能向讀者們提供靈感與幫助的人。

第 1 章

想好了就豁出去

玩遊戲時，孩子們不會說：「這麼做不可能成功，那樣做好像不行。」他們不會為自己設限。

01

學長姐都去三星，我卻選了另一條路

學生時期，我是典型的模範生。乖乖聽從父母與老師的話，安分過著校園生活，而且我總是擔任班長。然而，進入大學後才發現，一切都很茫然。究竟該做些什麼才能讓人生有意義？要怎麼做才能過上幸福的生活？國、高中時期，除了在各種考試拿高分，我並沒有其他目標，或許這正是我現今徬徨不安的原因。

當時的我，對大學生活沒有什麼憧憬。雖然認真學習本科系的專業知識，但每每坐在課堂聽講時，心中的疑問就像滾雪球般越滾越大：「我為什麼會選擇電子工程學系？」只要考上大學，什麼事都可以做到的信念，也跟著消失得無影無蹤。

不只是我，其他學生也都有相同煩惱。幸好，在大學生活中，還有很多值得去探索、挑戰的事。不僅如此，擺脫一直以來束縛我的升學考試、有其他選擇的可能性等，對我來說非常有趣。

我對外國文化和語言相當感興趣，因此，開始尋找相關社團。正好發現一個由數所大學聯合組成的英文社團，也就此認識來自不同科系的學長姐、學弟妹及同學們。透過與這些去過多個國家、過著國際化生活，或是鑽研我沒能接觸的專業領域的人交流，我得以體驗到新世界。

大學的第一個暑假，我帶著一本書和簡單行李，踏上為期三個月的歐洲旅行，想要更具體體驗在社團活動時見識到的多樣性。在這次旅途中，我領悟到自己至今活得像是一隻井底之蛙。離家後，我每天獨自計畫新旅程，以此擺脫國、高中時期只為升學而無限反覆的日常。之後，我積極尋找能夠體驗寬廣世界的機會。

二〇〇七年，我參加由韓國科學技術團體總聯合會（KOFST）舉辦的「年輕世代論壇」（Young Generation Forum）。這個為期一週的年度論壇，集結包括美國在內，來自全世界理工學院的百餘名外籍韓國僑生。我很幸運代表學校成為十名韓國學生中的一員，參與這場盛會。

在該論壇上，不僅可以見到就讀麻省理工學院（編按：Massachusetts Institute of Technology，簡稱ＭＩＴ）及史丹佛大學（Stanford University）等世界頂尖理工學院的學生，還能看到居住在歐洲小國的外籍韓僑。我和那些韓語說得很生疏、從表情到肢體動作完全不像韓國人的朋友們，共度了整整一週的時光。雖然同為韓國人，彼此卻在截然不同的環境生活，這不只給我帶來另類的驚訝，其程度遠遠超越在歐洲旅行時，所感受到的人種與文化多樣性。

在學校的課堂上，我因找不到為何要主修電子工程系的原因感到鬱悶，但在那次論壇之後，我開始覺得自己不該將未來限制在這門學問上，而是要將其當成實現更遠大志向的墊腳石。

工程系學生不選三星電子

論壇結束後，我回歸日常生活，同時也在不知不覺間實踐當時所受到的啟發。我建立了以下幾項原則。

第一，規畫願景。就算從學校畢業、進入職場後，也不要只當個工程師，而是要懷抱嘗試作為某領域領導者的抱負。在建立這個原則後，我參與各式各樣的活動，也對經濟管理和各種政策產生興趣，不知從何時起，眾人紛紛稱呼我為「好奇心博士」。

第二，靈活思考。當時，學長姐畢業後，大都進入三星電子的半導體部門，主要從事迴路設計的工作。但我決定不將自己的未來局限在某個特定產業，而是將興趣拓展至其他領域。

第三，將「努力不會背叛我」當成人生座右銘。我從國、高中時期一直維持到大學時代的特質就是奮力不懈。我很清楚自己之所以可以接觸像論壇這等好機會，累積多元的經驗，都是由於我為了尋找人生解答而不斷努力。因此，不論在哪裡、做什麼事，我都將努力當成永遠不變的人生態度。

之後，我考上就讀五年即可同時取得學士及碩士學位的「五年一貫課程」。當校園生活還剩一年多時，我也專注於職涯設計上。在研究所的實驗室裡，我運用各類物質研發出新的記憶裝置，體認到工程及研發的無限可能。趁著實驗空檔，我會去企業管理研究所旁聽國際商業課程與專題，也會鑽研工學以外的領域。轉眼間，就要畢業了，系上所有人都將心力集中在就業上，且大都進入電子公司任職。

然而，**我並沒有為此費盡心思，而是專注思考，在未來五十年間，什麼樣產業將引領世界**，以及在那個領域裡，我可以做些什麼來發揮自身優勢，同時也對世界有所貢獻。當時，我又嗅到了另一個能帶來嶄新靈感的產業及產品的契機。系上與我關係較熟稔的同學中，有一位時常閱讀三星集團前任會長李秉喆，及陳大濟等韓國商業領導人的著作。我自然而然也受到那位同學的影響，間接觀察到那些領袖們的人生，並培養了我的夢想。

有一天，我在看報紙時，一則標題映入眼簾：「LG化學，以插入式混合電池取得通用汽車（General Motors）的首張海外訂單。」那瞬間，我的腦海中浮現出該企業以新產品進軍世界的畫面。雖然電池領域和我的本科系沒有直接相關，但只要運用這段時間鑽研的工程方法（engineering approach）及設計原理，我有信心能在短時間內搞懂該產業的內容。

於是，我毫不猶豫的投了履歷，並在面試時，具體強調自身願景。最終，我以替代役的身分，受聘為專業研究員。就這樣，開啟了電動車職業生涯序幕。

02 小工程師的大夢想

二〇〇九年，我來到忠清道大田實驗室。正當我滿懷期待的等待公司分配研究項目時，我被安排到電池設計小組，那時的我還不知道要在這領域進行什麼樣的研究。與喧囂的首爾不同，寧靜的大田非常適合從事研發。我比學生時期更加認真的做電子工程領域實驗，並試著將成果應用於實際產品上。身為專業研究人員，我抱著研發並實現自身最佳技術的使命感，拚盡全力。

當然，這和碩士時所做的新素材記憶體研發，完全是兩回事。不過，設計新產品，也就是控制電動車電池的迴路，並以軟體實現該機能的過程相當有趣。再者，由於我們是推動新興事業的組織，所以人員非常少，就像新創公司一樣，各自主導分配到的任務。

隨著電動車電池事業日益成長，研究電池系統的組員和專案數量也越來越多。在此過程中，我發現，電池系統之於消費者，最終的價值是必須能準確預測出電池的狀態。站在消費者的立場而言，他們最想知道的是，電池可以再用多久，以及與其他新產品相比，是否具備更大的容量。

「靈活思考！」我再次想起自己的人生原則。它已成為我人生價值觀的核心，不僅讓我減少對新挑戰的抗拒，在發掘別人看不見的機會上，也帶來了很大的幫助。我想以至今為止的研究經驗為基礎，進一步提高專業度，研發出精密的電池演算法。我的所屬團隊接受了提議，決定引進相關領域的專家。

電池演算法是從無到有的創造。雖然看似複雜，不過應該要設計得簡單明瞭，也就是讓電池系統能夠即時接收情報，並準確預測出殘存的容量與壽命。

如同大腦認知事物並預測其行動（AI人工智慧也是相同概念），我們也要站在宏觀角度來接觸工學、哲學。現在回想起來，不只是人工智慧的核心，在學習顧問公司所使用的解決問題方針——MECE原則（編按：Mutually Exclusive and Collectively Exhaustive，整理多數對象時，既無重複，也沒有缺漏的邏輯方法）之前，我便已用於實戰。設計演算法時，應阻止不必要且重複的問題，更不能使系統變複雜，同時也要計畫周密，以防遺漏。

該研究旨在解決問題，也是一項制定實際電池的實驗計畫，蒐集與分析數據。我所研發的超精密演算法，可用於道路上行駛的車輛上，並針對電池設計研究員所製造的電池，以非專業人士進行評價和分析。

從電池研究員到商品企劃

在大田度過實驗室生活的期間，說不曾擔心過「會再度成為井底之蛙」，那是騙人的。不過，在我正式踏入社會前，已樹立了自我價值觀，所以並不為此感到著急。我以開放的心態描繪未來藍圖，同時也找到學習更多事物及成長的機會。

第一是學習日語。我們組內有幾位擔任硬體研發技術顧問的日本工程師，在設計迴路時，我曾為了無法解決的問題諮詢過他們意見，從某個角度來看可能稍嫌保守，不過他們以非常縝密的設計和電子零件的特性為基礎，建立起頗具細節的計畫。因為被日本工程師們仔細的特質給深深吸引（當時的我身上缺乏這種特質），為了跟他們多聊幾句，我學了幾句簡單的日語。

在我見識過日本工程師們特有的細心與完美主義後，這才發現隱藏在日語和文化中獨特的哲學及思考方式。學習日語自然而然變成我的愛好。不是出於有需要，而是對此感興趣，這也讓我更加投入，甚至還通過了日本語能力試驗（JLPT）的最高級。

第二是成為專案經理。由於我研發的演算法，是為了電動車專案所設計，所以從決定大量生產的那一刻起，便得直接體現在法國客戶的產品上。為此，身為研發者的我，開始經歷與當地工程師針對演算法更新及檢驗明細的協商，以減少對設計和功能產生的分歧。

在具體的商務專案出現之前，身為一名工程師，只埋首於一個研發目標，並與自己競爭。執行專案後，我可以在沒有營業組的介入下，直接與客戶的工程師們對接，且開始主持對外會議。管理專案的同時，我培養出將複雜的內容重新詮釋得淺顯易懂的溝通技巧，也增加了拉近利害關係人之間的想法，或立場差異的經驗值。就在演算法終於完成、即將取得最終批准之際，我被派遣至法國，與客戶分享最後的檢驗結果，成功完成這項專案。

第三是職業生涯的轉變。正當我在進行專案管理、掌握新技能、拓寬業務領域時，機會再次降臨。隨著電池業務快速發展，總公司新設立了商品企劃小組。為了配合產品種類和專案數量的增加，需要具備提出公司策略發展藍圖，及商業方向的領導組織。該團隊將隸屬於總公司事業部底下，並接受來自各實驗室推薦——曾以電池技術知識為基礎的人員在進行選拔後，組成了該小組。

當時，我亦收到組長的提議。然而，因為那是新成立的小組，隨著公司業務發展需求，未來或許會消失，一旦轉換跑道，很有可能無法再走回當工程師的回頭路，再加上我完全沒有商業領域的經驗，是否能順利完成業務也是個大問題。不過，對我而言，最重要的是思考的靈活性，所以我想看看這個機會所帶來的正向面。

如果以研究員的經驗和成果來做商品企劃，可以培養出理解整個產業的眼光，進而獲得全球商務事業的機會，為此我開始感到心動。雖然不知道前方會有什麼樣的結果在等我，但抱持著對自己的選擇不會後悔的決心，最終做出了決定，這正是我從專業電池研究人員轉變為商務人士的瞬間。

03

想當領導者，現在的我缺什麼？

商品企劃的業務內容，對我來說相當新鮮。

首先，必須改變工作態度。站在商務人士的立場，可以看到更多作為工程師需要改善之處，在與工程師們一起工作時，要用謙虛的態度，以及所知相關技術知識，激發其潛力。

例如，工程師在研發電池時，重要的是不顧一切研發出擁有比競爭公司更高功率和容量的最高性能產品；站在商品企劃的角度來看，像是技術優異性等，有些得觀察市場和消費者的反應。考量到產品性能，是否可完全用於車輛平臺上、是否符合預算等市場性研發……傳達具建設性的意見回饋。

從大田的實驗室來到位於首爾的總部後，我的工作內容出現巨大變化。與公司各部門及外部團隊一起工作，時間流逝的體感速度會加快兩倍以上。更重要的是，我不再只是默默專注在工作上的研發者，在成為必須自行尋找新商機的角色後，見到的人也變多了，而我也更加積極的與人們溝通。

如果想要接收各組織的各種消息，並且重新詮釋，同時提出公司往後的發展方向，就得從無數則情報中，看出別人沒發現的商業趨勢。因為這次的職涯轉換，我每天都過著充實、精彩的生活。

現在回想起來，那段時間的每一天，都是我人生中最能感受到真正活著的日子。透過決策與執行，發掘出新領域，以及對地球環境產生正面影響等，讓我期待每天早上去上班。

在總公司，人們對我的印象是——唯一一位研究員出身的電池管理系統商品企劃專家。透過演算法研發經驗，我可以提出「電池擁有怎樣的特性」、「改善之處為何？」等，別人想不到，只屬於我的獨到見解。

最終，包括業務範圍涵蓋美洲、歐洲、亞洲的全球營業組在內，每當其他部門出現問題時，都會向我徵求意見。我的專業獲得肯定，詢問我意見的人越來越多，是個令人驚訝的體驗。

迷上賽局理論的汽車業界

那陣子，我幾乎每個月都到國外出差，為了與世界各地的汽車公司合作，四處奔波。在這之前，我只將汽車當成移動工具，但若從商業角度而論，各汽車公司固有的設計哲學、研發原則、商業計畫及產品發展藍圖等都不相同。

電動車研發也是如此。「要著重於快速行駛的性能嗎？還是稍微降低輸出功率，將重點放在充電一次就能行駛一段遠距離的實用性？要嘗試改革為純電動車呢？還是折衷成傳統燃油車和電動車混合的內燃引擎車（編按：Internal Combustion Engine Vehicle，簡稱ＩＣＥＶ）？又或是採用與現有內燃引擎車一樣的外表，但把內部換成電動車的零件……？」每個企業採取的策略都有所不同。

為此，我規畫出適合各家公司的商業計畫，也考慮研發產品是否對產業和企業有所幫助，同時開創公用平臺發展商務，接著，再設計出各種策略。

經歷上述過程，我逐漸確立自身的商業哲學。為了克服電動車產業的限制，也想出快速解決問題的具體對策。撇開全球汽車公司，整體產業皆出現了局限性。

也就是說，由於存在各種不確定性，不論是誰，都無法把一切賭在電動車上。

例如，新的電動車在與內燃引擎車相比時，功能和價格是否能獲得顧客好評？即使得到好評，是否又能有營利等等。

當時我的結論是，即便扼殺內燃引擎車市場並大舉革新，也不會有太大效益。因為整個業界都沉浸在賽局理論（game theory）中，誰也無法主導變化。賽局理論是指個人或企業做出某種行為時，其結果就像遊戲一樣，各自追求符合自身利益的行動。這也表示，當汽車業者可以藉由內燃引擎車獲得利潤時，誰都不願意積極出手製造可能損害利益的新產品——電動車。

大部分跨國汽車公司並未垂直整合（vertical integration）電動車的製造過程，而是利用專案的形式，從電池及車用電子產品供應商手上獲得創意或進行測試，而且只能看人臉色行事。因此，現在我們需要一名強而有力、能動搖這場察言觀色之爭的領導者。

在擔任商品企劃人員的三年裡，礙於電池業界的保守性，並未出現創新技術。所以，我的相關知識也沒有太大進步。就連促銷及商品企劃資料的內容，如今也是大同小異。即使與汽車公司見面討論，問答間也沒什麼新意。

再這樣下去，未來的五年、十年，電池產業雖有樂觀前景，卻不會有任何實質上的變化。然而，與其只是在原地跺腳感到惋惜，倒不如自己動手做點什麼。

我心中閃過一道信號，同時得出一個結論，那就是：不要在電池產業傻傻等待，並期待電動車時代降臨。事實上，重組汽車產業才是最快、最迫切要做的事。若是如此，那就應該投身最具攻擊力的電動車製造公司。在那瞬間，我想到了兩個問題：「第一，誰是此領域最強大的王者？第二，為了坐上領導者的位子，現在的我需要的是什麼？」

根據過往與全球汽車公司合作的經驗，似乎沒有強而有力的領袖，因為沒有任何一家是「真正的」電動車公司。然而，和業界人士開會時，我經常聽到：「聽說，最近矽谷有一家『不像話的企業（特斯拉）』，它使用數千個圓柱電池，製造出像玩具般的電動車。」我腦海中突然產生莫名其妙的想法：「如果傳統汽車公司並非電動車市場的領頭羊，那麼特斯拉會不會其實是更好的選擇？」

另一方面，我尚未得知僅憑我的工程經驗和商品企劃的履歷，能否引領業界。即便無法找到上述兩則問題的明確答案，我深知目前要的不再是實務經驗，而是吸收其他層面的新知。後來，當我約略設下留學美國的目標時，對最先可以學到商業知識的ＭＢＡ產生了濃厚的興趣。

04 兩年試煉，如願赴美

ＭＢＡ的準備過程相當漫長且激烈。第一步從工商管理研究所的入學測驗——ＧＭＡＴ開始，透過連美國學生也覺得困難的高難度考試，以此評鑑應試者是否具備在商學院學習時的邏輯思考能力。不僅如此，還得向報考學校闡述人生故事，並強調就讀商學院將對實現職業生涯及個人目標有何助益。

我的首次挑戰以失敗告終。我自認在這段時間內已累積足夠的環保能源相關經歷，只要在ＧＭＡＴ取得適當的分數就得以入學，所以第一年我只報考了麻省理工學院。最終，卻慘遭滑鐵盧，我在文件審查階段就被刷掉了。現在回想起來，這是一次非常荒唐的嘗試，因為我前往美國留學的理由並不明確，也搞不清楚為什麼必須申請ＭＢＡ。

之後，我認真反思了失敗的原因。在挑戰ＭＢＡ的第一年，我覺得只要去美國留學，關於職涯的一切煩惱似乎就能得到解決。更重要的是，我完全不曾深刻省察內心曾出現過「單憑我的履歷，一定能考上」的傲慢想法。因此，在第二年時，我認真詢問自己：「為何現在要讀ＭＢＡ、為什麼非去美國不可，以及想做什麼？」同時，努力尋找答案。

我坐在書桌前，用文字寫下想法並加以整理，也和朋友或同事一起喝酒、傾訴煩惱。不過，我並未得到什麼確切答案，但我更不想就此安於現狀，因為我依舊認為我的人生需要重啟。

二〇一四年夏天，我請了兩週的假前往地中海旅行。旅行時，比起過去和未來，可以把焦點放在今天——此刻看到、感受到什麼，對於專注有很大幫助。在地中海面前，我暫時忘卻之前的苦惱，盡情享受和讚嘆眼前美麗的大自然，錯綜複雜的思緒也一掃而空。在旅途尾聲，我有了可以再次回到日常生活中，並重新開始的勇氣和能量。

從飛回韓國的機艙向外望，我看到行駛在馬路上的許多車輛，也回想起童年時光。特別厭惡「烏賊車」的我，每每看到卡車或公車噴著黑煙經過時，便想到地球會因此受傷而心疼。在自然課上聽到如果臭氧層被破壞，就會使地球變得更熱的事實後，我連頭髮定型噴霧都不敢再用了。

那一刻，我的心中好像有什麼東西在蠢蠢欲動。我終於知道自己一直以來的職業生涯，是源於從小就很重視環境的童心。

以下段落是節錄自我的英文申請書的部分內容。經歷過一次失敗後，我報考MBA的動機變得更加明確。

我想解決地球環境和暖化問題。在這之前，我一直以工程師身分從事研發電動車工作，現在則是擔任商品企劃人員。然而我認為，在暖化程度越高之前，應該改變整個電動車產業。因此，為了提高國際商務能力，我需要經濟、財務、經營等正規教育課程。不僅如此，與各領域累積豐富經驗的同學建立人脈網，也將成為我實現夢想的重要墊腳石。最終，我想以此為地球和人類做出貢獻。

二十四小時全力備考

在報考動機更明確後，備審資料準備起來也更加順利。首先，我打算重新報考GMAT。身為對美國文化沒有任何基礎知識的韓國人，很難用英語建立起文章邏輯，也無法嚴密分析與反駁例文的內容。不過它與律師資格考試相似，所以我能以冷靜、客觀的態度應對。

GMAT想測的不是英語能力，而是在商場上做出正確決斷的能力，因此需要以其他方式做準備。從事商品企劃時，曾試著想像自己如果是商務決策者，會用什麼樣的心態做決定，並練習制定出提案書。參加會議或撰寫電子郵件時，也會根據自己的思考框架，重新組織對方的主張，分析邏輯後，再逐條反駁。

下班後，我會到公司附近的咖啡廳備考，直到打烊為止。當考試日期越來越近時，我甚至會在搭飛機、如廁時，抽空用功。我拚盡全力，終於在第三次得到了滿意的成績。

另外，履歷和論文也是以我確切的申請動機重新撰寫而成（編按：見第二四九頁附錄A）。如果將此比喻成一場演唱會，我先是以履歷搭建舞臺，並設置各種設備，再用論文展示預告片，最後藉由面試讓人們欣賞我的歌曲。

以我的人生片段為首，在名為報考動機的骨架上增添血肉，同時加上可以獲得共鳴的要素。無論是誰，都會覺得我很努力完成一份與首次備考時，截然不同的履歷及論文。

為了克服面試時可能會遭遇到的語言溝通限制，我如同演員背誦電影臺詞般，列出所有會出現的問題及答案，並看著鏡子反覆朗誦，以期不會出現任何失誤。表情、語氣、發音等，都不能馬虎，要持續練習。

我甚至拜託美國朋友們幫忙朗讀我寫的臺詞，並將其錄下來。然後在上下班的路上不斷聆聽，利用跟讀法（編按：shadowing，聆聽內容並跟著唸）練習。我從不曾像當時那樣，每天二十四小時都計畫得非常周到，且全心投入一個目標。

傾盡一切的四次面試

在準備GMAT考試的過程中，為了找到能實現自身願景的課程，我仔細調查了美國的大學。其中，以「培養引領商業與社會之領導者」作為辦學理念的耶魯大學ＭＢＡ課程，格外引人注目，因為我嚮往的，也是藉由新的商業和產業，為社會做出貢獻，等於彼此是擁有相同的目標。

越是深入了解，越能發現追求政治、經濟、國際、法律、環境等多學科（multi-discipline）教育的耶魯大學ＳＯＭ（編按：School of Management，管理學院），與我的理念一致。最重要的是，我堅信如果能參與該校課程，就能達成職涯目標。一想到這，我不禁心跳加速，也產生許多新能量。

當然，我不能把雞蛋放在同個籃子裡。我一共報名了七所學校，最終收到其中四間的面試邀請（interview invitation）。從那一刻起，我完全進入面試模式。我瘋狂練習，以期自己在任何瞬間，都能在一分鐘內說出簡歷的所有內容。這當中包含選擇該校ＭＢＡ的原因、在往後的課程中想學習到什麼、畢業後想做什麼等，非常具體的內容。

接著，我期待已久的耶魯大學面試終於到來。由於那天我恰巧要去日本出差，於是我和對方約在上午面試，地點選在一家飯店的會議室。我先把出差用的行李箱放在等候室，然後在約定好的時間見到了面試官。或許因為已反覆練習過很多次，當下我真的一點也不緊張。

「為什麼決定要進入ＭＢＡ深造？報考耶魯大學ＭＢＡ的理由又是什麼？」面試官問的問題都是我預想過的題目。因此，我比任何時候都有自信的予以答覆。最重要的是，在我聽到面試官的提問後，更加確信這間就是我要的學校。

從日本回來後的某個晚上，下班回家、洗完澡後，我慣性拿起手機查看，結果發現一通未接來電，而且還是一則國際電話。我抱著姑且一試的想法，回撥了那通電話，結果聽到熟悉的聲音。

「凱文，恭喜你合格了！很高興你今年秋天可以來我們學校就讀，真心歡迎你來到耶魯大學！」

我人生的新篇章就此開始了。

05

同事們開始稱呼我——特斯拉先生

進入耶魯大學就讀的兩週前，我一直借住在西雅圖的朋友家。在即將正式展開美國留學生活之際，激動和緊張的微妙心情交織在了一起。

接著，在新生訓練前一天的週日，我搬進位於康乃狄克州紐哈芬的宿舍。整理好行李後，便在校園中閒逛。令我印象最深的是建立於一九三〇年代的史特靈紀念圖書館（Sterling Memorial Library），以及保管珍貴藏書的拜內克古籍善本圖書館（Beineke Rare Book Library）。在古色古香又雄偉的圖書館中，久違的被書本包圍，既讓我放鬆心情，也重新找回一絲悠閒。那一刻，我才真切感覺到自己已是耶魯大學的學生。

終於，來到新訓當天，我抱著緊張的心情走向禮堂。那裡不僅有美國當地，還有來自亞洲、非洲、歐洲等世界各地的學生，我不禁對擁有各自故事和夢想的同儕們感到好奇。學生們彼此詢問對方來自何處，以及對未來有何計畫。

自我介紹時，我利用了入學時準備的文章。這裡的所有人際關係都是從「電梯簡報」（編按：elevator pitch，在電梯裡遇到重要人士時，用極短的時間概括自己的主張並迅速轉達給對方的說話形式）開始，根據情況會有三十秒、一分鐘、三分鐘。下列我準備了三種版本的電梯簡報型自我介紹：

• 三十秒版本

我叫凱文，曾任職於韓國的電池公司。希望在ＭＢＡ學習商務，畢業後進入特斯拉，努力擴大電動車產業。

• 一分鐘版本

我是凱文，曾在韓國電池公司工作過。原本以工程師的身分從事電動車研發，後來轉往商品企劃部門累積經驗。但我認為，若要引領電動車領域，自己的能力尚且不足，所以為了學習商務知識來到耶魯。我想透過ＭＢＡ課程學習各種利害關係人的思考方式，以及哪些因素會對商業發展產生決定性影響。之後，我想回到原先的領域，持續為電動車產業做出貢獻。

• 三分鐘版本

我叫做凱文。在韓國出生長大，曾待過韓國企業，從事電動車研發及商務。身為主修電子工程系的工程師，平時對環保議題很感興趣。

大學畢業後，我進入了一家承包通用汽車雪佛蘭品牌（Chevy Volt）訂單的韓國電池公司。前三年，我以工程師的身分從事電池系統的研發工作，並與全世界的汽車公司合作。在這段時間，我迷上打造新產品帶來的樂趣。

三年後，當電池業務迅速發展，懂得製造出顧客和市場所需商品的指揮官一角，變得非常重要。因此，總公司成立了隸屬於事業部的商品企劃組，而我也利用自身背景，並以創造更有意義的商業為目標，果斷將跑道轉換至商業領域。

在商品企劃組期間，我幾乎和全球各大汽車公司開過電動車商務及商品會議，看出每個OEM（編按：Original Equipment Manufacturer，代工生產）廠商的特有方向。以此為基礎，我思考著要設計什麼樣的商品，才能具備更大影響力，然後制定產品路線圖，這件事對我來說非常有趣。

然而，因我沒有接受過正式的商學教育，便開始審視目前擁有的知識和能力，以及在完成這項工作上是否有任何不足之處。我認為，只有更深入的學習財務、法律、會計等，才能與顧客和市場進行更具建設性的對話。

我相信，透過ＭＢＡ課程，不僅可以學習多元的商業知識，還能與擁有不同背景的學生交流，將思考範圍拓展至工程領域以外。畢業後我想進入特斯拉公司，為擴張該產業做出貢獻。特斯拉是全世界成長速度最快的企業，我確信它將成為業界先驅。

簡報結束後，我被朋友們稱為「特斯拉先生」。如果有人對電動車和特斯拉有疑問，大都會來找我。

另外，如果有電動車或環保外殼研究等校外競賽時，我也會受邀加入。透過對電動車和環保能源產生的全新洞察及研究，拓展了我的思考範圍。就這樣，在耶魯大學ＭＢＡ，我的人生品牌自然而然成為了「特斯拉先生」。

把餅做大，再加以分配

穩固「特斯拉先生」的形象後，在學習相關知識或累積職涯時，我會根據自身目標更積極行動。同時，我也選修了管理學院課程，還去旁聽其他科系的課。

在建築系開設的「城市設計入門」（Intro to urban design）中，我思考到，隨著加油站等基礎設施系統轉變成電動車充電站（supercharging）時，其設置策略會對全世界的都市化產生哪些影響？我也曾在法學院聽取「遊說活動」（Lobbying）課程，當目前支配汽車產業的內燃車及石油公司，試圖透過遊說政府支持其事業時，電動車產業應該用什麼邏輯進行遊說？

我甚至在美術學院選修了設計學課程（Design: The Invention of Desire），藉此熟悉設計原則，並學到創造新產品和商業時所需的要素。此外，我還在戲劇學系的「視覺故事」（visual storytelling）中想到，為了改變「電動車昂貴、沒有實用性、長得醜」的傳統觀念，還得具備怎樣的視覺故事。不僅如此，為了累積能源、電動車產業與技術相關知識，我還選修了國際學系、地質系、環境系的課。特別是，我在地質系被選為研究員，並參加了與地熱能源相關的專案研究。

有句俗話說：「做自己喜歡的披薩來吃。」（Build your own pizza）在聽其他科系的課程時，我就像是在製作獨家披薩一樣，依據自身需求，重新組合有興趣的主題和領域後，盡全力學習。同時，我也會思索該如何將課程中提到的理論，應用到電動車產業。特別是在「競爭戰略」（competitive strategy）的課程中可以學到，特定產業和商務為了脫穎而出，制定了何種策略。

「特斯拉為什麼是改寫電動車產業歷史的壓倒性佼佼者？今後還會如此嗎？」第一學期，我開口閉口提及的一直是這個話題。為了尋找答案，我上遍各種課程，也和很多人對談。最後，我得出的結論如下：

特斯拉透過 Model S 和 Model X 證明，除去環保層面，電動車在車輛性能和設計上，比內燃車優越且更具魅力。大眾一想到電動車，自然就會聯想到特斯拉，由此可以證明其在市場取得的先驅優勢。

特別是，支持特斯拉的全球社群分享著對相關產品的多種回饋，並要求提出改善，而特斯拉也以其意見為主，積極更新產品和服務。另外，和其他以製造為重心的汽車公司不同的是，特斯拉藉由垂直整合策略，直接製作出軟體和硬體，進一步研發、擴張充電站等基礎設施。此外，也利用直接銷售，控制物流和商業利潤，並持續進行獨有的革新。因此，特斯拉確定成為電動車業界龍頭，引領未來市場。

在ＭＢＡ的「協商」（Negotiation）課程中，其中一個主題就是「**把餅做大，再加以分配**」（Grow a pie, and split the pie）。這是在產業尚不成熟時，先藉由互相幫助擴大市場規模後再競爭的策略，而這也適用於電動車產業。由於目前還不是電動車真正的成長期，因此所有利害關係者應該都要先把該產業的餅做大。如果無法做到這一點，競爭本身將變得毫無意義。

特斯拉公開各種研發專利，讓相關人士都能隨意使用，這也是戰略的一環，代表他們不把其他電動車或電池公司當成競爭對手，而是視為共同完成「加速全世界轉變成永續能源任務」的夥伴。產業領導者的這種行為，除了可以刺激新興電動車公司的誕生，也能促進生產內燃車的企業將商業領域全面移轉。

我的ＭＢＡ課程按照論文計畫，有條不紊的進行中。所有的專注力和能量都被我運用在理解電動車產業上，並整理出自身觀點。在此過程中，我的學習範圍變得廣泛、深度加深，速度也變快。越是多方學習，越是確信特斯拉是重組電動車產業最重要的領先者，所以我認為我在美國的職業生涯也應該從特斯拉開始。

06

暑期實習，兩大團隊爭相要我

ＭＢＡ的畢業生大都選擇進入金融產業和管理顧問業任職。雖然原因各異，不過可以將所學知識應用於整個產業的地方——正是投資銀行和顧問公司，並且能在短期內提高年薪及身價。此外，也有人志在谷歌（Google）等以軟體和服務為主的科技業或非營利財團。

然而，帶著ＭＢＡ學歷投身製造業的情況並不多見。因為美國社會本身對製造業的重視程度較弱，年薪與工作強度相比也沒有太大的吸引力。相反的，打從一開始，我便將自己的職涯目標設定在製造業。更具體來說，我想要進入電動車業界領導者——特斯拉，所以我必須踏上與大部分同學與學長姐不同的、只屬於我自己的就業準備之路。

對ＭＢＡ的學生來說，一年級課程結束後的「暑期實習」非常重要，甚至可說是未來職涯的奠基石，因為在畢業後，將會有一半以上的學生進入先前實習過的公司任職。

另一方面，也可以將實習經驗當成職場武器，藉此獲得更好的機會，或是以當時得到的回饋為基礎，就此轉換職涯方向。因此，當你一進入校園，實習旅程也隨之開始。著名的金融、科技顧問公司會到學校舉行就業說明會，而學生們也能進一步親自與學長姐或相關人士交流。

在美國，「人際交流」（networking）一詞被廣泛使用，不僅ＭＢＡ，也經常出現在就業過程中，特別在矽谷更是頻繁。這個詞是指與相同領域的人士談論產業動向或分享經驗。

人際交流的範圍不限於擁有年齡、學校、產業領域等共通點的人，而且，與生硬的面試流程相比，這是一個可以在自然的情境下，了解對方的哲學與品德。即使無法透過人際交流立即得到工作，也會保持聯絡，並在機會來臨時協助牽線，還會彼此介紹相關人士認識，對任用和職涯都有間接幫助。

在嶄新的創意與商機源源不絕的矽谷，對企業而言，人際交流在尋找適合某職務的人才時很好用，也可以知道更多在面試時難以得知的背景。

尤其是透過他人牽線時，可信度將比面試還高。因為應徵者會被推薦人評價，即使稱不上是絕對掛保證，卻也代表推薦人在某種程度上認可應徵者的能力才會出面，藉此減少雇主和主管對應徵者能力的不信任。

矽谷不會每年進行大規模徵才，而是根據需求徵才，主要分成以下兩個面向：

第一，招募者推薦（referral）計畫。企業內部如果有人對新專案感興趣，可以直接申請或推薦身邊符合該專案條件的熟人。對於員工親自推薦的應徵者，會在確認其對公司有幫助的前提下，予以錄用。這種系統同樣也適用於整個美國文化，例如，申請學校或參加各種社區聚會時，也有類似的推薦制度。

第二，向外部明確公告企業具體想聘用何種經驗和技能的人才（編按：請參考第五〇頁至第五一頁蘋果〔Apple〕公司的徵才條件，標記處為重要資訊）。首先會篩選應徵者，若覺得對方具備一定資格，就會進一步安排面談。比起推薦，這種徵才流程耗時更久、更複雜。從結果來看，兩者都是由徵才主管（hiring manager）決定招聘與否。

對我而言，不可能會知道美國的這種求職模式，況且我的人脈根本為零。若想

Careers at Apple

Work at Apple | Life at Apple | Profile | Sign In | Search

Global Supply Manager

Santa Clara Valley (Cupertino), California, United States
Operations and Supply Chain

Submit Resume

‹ Back to search results

Summary

Posted: **Apr 26, 2023**
Role Number:**200472683**

Imagine what you could do here. At Apple, new ideas have a way of becoming extraordinary products, services, and customer experiences very quickly. Bring passion and dedication to your job and there's no telling what you could accomplish.

The Global Sourcing and Supply Manager (GSSM) is positioned at the interface between Apple's product teams and the industries that supply core component technologies. We are responsible for developing and executing sourcing strategies as well as recommending product innovations based on improving technology. The position requires a passion in market dynamics, negotiation, supply and supplier management, manufacturing processes, and risk mitigation.

Key Qualifications

- BA/BS degree plus 3+ years of work experience, Masters degree or MBA is a plus
- Strong analytical and critical thinking skills
- Can build and develop key cross-functional relationships
- Superb communication and interpersonal skills
- Ability to handle and navigate sudden setbacks
- A tenacity and passion for negotiating
- Willingness to operate in a dynamic and ambiguous environment

1 • Ability to make quick decisions with 80% information

2 • Thirst for knowledge and ability to learn quickly

- Experience in legal documents a plus
- Experience in technology and/or operations a plus

Description

- Develop a nuanced understanding of the commodity landscape in order to forecast industry trends and gauge emerging competitive forces. Can perceive changes in buyer and supplier power within core materials markets and use industry dynamics to Apple's advantage.

3 • Effectively work with suppliers to negotiate optimal terms for sourcing and price. Understand the trade-offs between cost, volume, and quality in order to strike agreements that meet Apple's performance criteria and secure long term supply continuity.

- Collaborate across the Apple organization to ensure business objectives are met. Includes the ability to rapidly synthesize and communicate findings to senior leaders and to actively identify potential supply issues that can affect product roadmaps.

（接下頁）

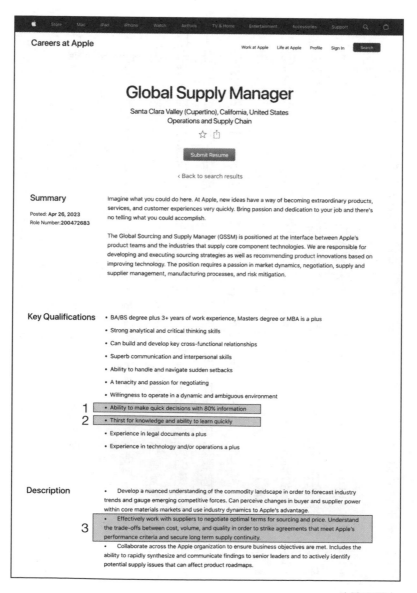

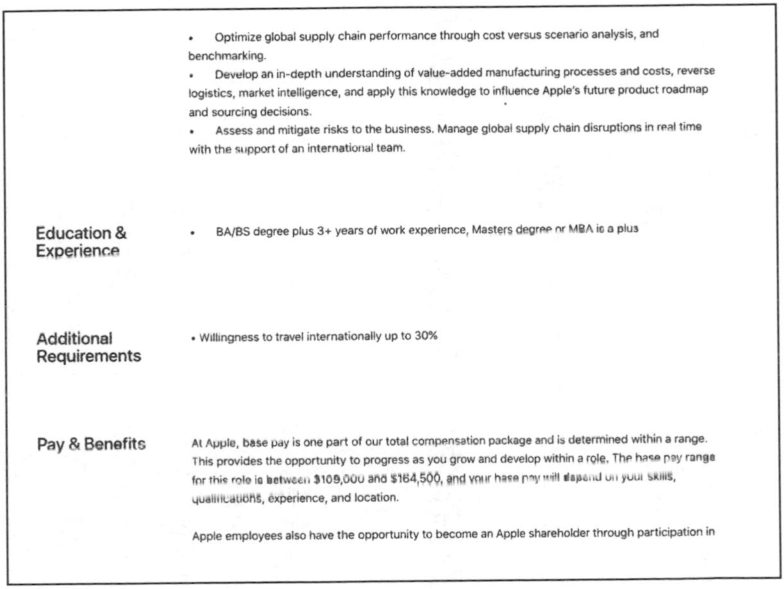

- Optimize global supply chain performance through cost versus scenario analysis, and benchmarking.
- Develop an in-depth understanding of value-added manufacturing processes and costs, reverse logistics, market intelligence, and apply this knowledge to influence Apple's future product roadmap and sourcing decisions.
- Assess and mitigate risks to the business. Manage global supply chain disruptions in real time with the support of an international team.

Education & Experience

- BA/BS degree plus 3+ years of work experience, Masters degree or MBA is a plus

Additional Requirements

- Willingness to travel internationally up to 30%

Pay & Benefits

At Apple, base pay is one part of our total compensation package and is determined within a range. This provides the opportunity to progress as you grow and develop within a role. The base pay range for this role is between $109,000 and $164,500, and your base pay will depend on your skills, qualifications, experience, and location.

Apple employees also have the opportunity to become an Apple shareholder through participation in

1. 僅憑 80％的資訊，就能快速做出決策的能力。
2. 對學習新事物有興趣，具有快速學會的能力。
3. 能與供應商有效率的工作，並協商產品價格及合約條件。另外，為了達成蘋果公司的經營成果、確保產品供應，必須懂得掌握成本、數量、質量之間的關係。

蘋果徵才條件出處：jobs.apple.com。

▲ 蘋果的徵才公告。

進入被認為是非主流的製造業任職，唯有比別人多付出，才能抓住屬於自己的實習機會。所以，開學後我馬上加入能源社和科技社，並成為其中的領袖。

此後，學校社團不僅舉辦科技論壇，也主辦各項活動。例如，能源社每個月都會舉行名為「知識共享」（knowledge sharing）的活動，讓成員們分享入學前在不同產業所獲得的經驗和洞察力，以及對未來發展的看法等。透過這些，我和學長姐、同學們的交流機會也變多了。除了社團的事務外，我也會與各式各樣的人對話，並且保持聯繫。

特斯拉先生，歡迎你來超級工廠！

某天，能源社的學長科林，在每週例行活動結束後，跑來找我搭話。

「凱文，我剛才看到你在介紹電池產業和技術。你對環保能源和電動車真的非常有熱忱！你對特斯拉和馬斯克很感興趣嗎？」

「當然。等MBA課程結束後，我想去特斯拉工作，並在那裡改變世界。這就是我來美國的理由。」

「我就知道！我的同學中有人在 SpaceX（編按：馬斯克創立的宇宙探索公司）實習，要不要我幫你引薦一下？我想他應該也有很多故事可以和你分享。」

「哇！好啊！謝謝你！」

雖然不是特斯拉，但如果能在馬斯克的公司工作，應該也可以獲得「要如何思考，才能製造出全新產品」的靈感。一想到自己正在邁出走向特斯拉的第一步，就激動不已。

一週後，我在科林的介紹下，和曾在 SpaceX 實習的學長一起喝了咖啡。我先開始了三分鐘版本的「電梯簡報」，接著，針對馬斯克和相關技術的未來，聊了一小時左右。雖然 SpaceX 和特斯拉是兩個獨立的公司，但它擁有研發再生火箭及引領宇宙產業的強烈執行精神，單憑該公司的經驗，便可推論出特斯拉的工作方式。

結束後，那位學長向我提出了令人驚訝的建議。

「特斯拉現在需要像你這樣的人才。我在 SpaceX 工作時，與我共事的專案經理去年轉職去了特斯拉。我會幫忙牽線，你們可以互相聊聊！」

在和那位學長介紹的特斯拉專案經理交談後，我獲得了人資的聯絡管道，並應徵了實習工作。

通常，MBA學生與一般大學生會應徵的實習機會不太相同。另外，還有一種「MBA實習」，主要是以商務為主的專案計畫。但馬斯克認為，培養能製造產品的工程師非常重要，所以對MBA的價值抱持一絲懷疑。當然，特斯拉也不可能額外針對MBA「開後門」。

在特斯拉裡，是由馬斯克本人對所有應徵者進行最終批准。對我而言，最重要的是向對MBA戴著有色眼鏡的他，完整傳達我的故事。在履歷和應試過程中，我想盡可能展現出過往經歷，以及透過MBA課程所磨練出的技能等。

在履歷中，我將自己在韓國電池公司研究的內容，和轉換跑道至商品企劃組後取得的商業成果，加以量化並統整。接著，我添加了在學校科技及能源社團主導的專案，並具體主張自己是一個多麼適合在特斯拉實習的學生。

我來自您不太看好的MBA，不過我比任何人都了解製造業的重要性，是一個擁有工程意識的應徵者。為了完成特斯拉交付的任務，我致力於學習在工程師時期沒能學到的知識，並且參與對外活動，努力開發自己。

那時我剛上完課，正要去吃午餐的路上。一打開智慧型手機，就收到了一封來自特斯拉人資羅珊的簡訊：「凱文，今天可以抽出五分鐘左右嗎？」一直以來都是我主動聯繫人資，不過這次卻是她第一次率先聯絡我。於是，我懷著激動又緊張的心情撥通了電話。

「恭喜！你面試的超級工廠設計組對你抱有很高期望！」

「哇！羅珊，太謝謝妳了。這一切都是多虧了妳，這是我夢想成真的瞬間。」

「同一時間面試過你的電池專案經理也對你很滿意。現在，選擇權在你。」

兩組團隊都想要我！一掛斷電話，我忍不住大聲歡呼，永遠不會忘記那瞬間。電池採購和超級工廠設計組，這兩者都與我的背景密切相關，而這也是進入世界上第一間超級工廠的好機會。最後，我決定在內華達沙漠（特斯拉超級工廠所在地）度過一年級的暑假。

07

我的辦公室，是工地也是工廠

特斯拉超級工廠距離賭城雷諾約有三十分鐘的車程，儘管聽聞那裡正在施工，我內心仍然滿懷期待。然而，在抵達當地後，我發現全世界最大的鋰離子電池工廠孤零零的坐落在塵土飛揚的沙漠中央，四周只有施工業者用來當成臨時辦公室的貨櫃箱。

人們在簡易的桌子上辦公，但實際上，大家不是在操作機器，就是待在施工現場，經常不在辦公室。簡單來說，這個地方既是辦公室，也是工地和工廠。即便多少預料到情況，在親眼看到眼前的情景時，還是不禁感到驚訝。那個地方充滿了到處跑來跑去的小型起重機，以及搬運東西或組裝零件的機器所發出的聲音。

員工的長相、人種、年齡、穿著各不相同，但他們有一個共通點——所有人都帶著強大的意志力投入於某件事情上。設計人員一邊看著設計圖，一邊檢查工廠的各個區域；看起來像是主管的人，則坐在工作人員身旁，盯著滿是各種圖表和表格的顯示器。還有一些戴安全帽的員工們，正三五成群聚在一起，認真在白板上書寫數字，全神貫注的開會。

「我可以適應這裡嗎？」我曾冒出過這樣的想法，但很快的又重新振作。縱使情況和我想像的不同，卻也讓我產生了只要待在這裡，就能大膽挑戰的勇氣。

將三條校訓用在實習上

我的實習專案是在設計組建造超級工廠。超級工廠是指為了實現特斯拉任務而發揮核心作用的工廠，專門生產 Model 3 主要零件。將當時的高階產品——Model S 及 Model X 的平臺轉換成 Model 3 平臺，是特斯拉長期商業計畫中最重要的里程碑。

為了達成商品大眾化的目標，必須將工廠的運作效率提升至最大值。若要降低電池等主要生產零件的價格，就要放棄既有概念、轉換想法，將超級工廠本身當成一件新產品。

第一天我與人資見面、討論即將執行的專案，並告訴他，要達成的目標——利用在ＭＢＡ學到的各種技能，和過去在電池領域的經驗，在三個月內，對特斯拉的任務發揮助力。

• 有時間煩惱，不如付諸行動

我曾在ＭＢＡ修習「創新者」（Innovator）課程，當時有個名為「棉花糖挑戰」（Marshmallow Challenge）的活動。四個人一組，在十分鐘內使用二十條義大利麵條和膠帶製作出一個結構，再將棉花糖放在頂端，由堆疊最高的組別獲勝。這是為了讓組員們能在短時間內取得成果，所做的合作實驗（見下頁圖）。

我的小組首先聽取了每位成員的想法，繪製出草圖，並採用其中最佳的方案執行。組員們為了創建結構，先是各自思考了三分鐘，經過五分鐘的討論及交換想法後，用剩下的兩分鐘組織出來，再努力把棉花糖放在頂端。然而，當計時器響起，眾人的手紛紛抽離的瞬間，棉花糖嘩啦啦的應聲倒塌。

棉花糖挑戰無關年齡，是最具代表性的小組活動。令人驚訝的是，幼稚園的孩子們可以用比成年人還要快的速度，成功創造出更高的結構。因為小孩不會花費大

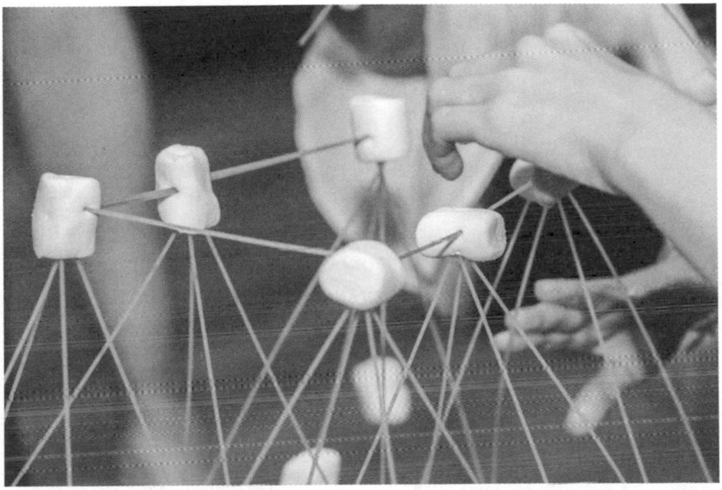

▲ 棉花糖挑戰示意圖。

量時間和精力樹立計畫，或是透過各種假設事先得出正確答案，而是一邊實驗一邊動手做。先隨手拿起義大利麵條，嘗試用各種方式擺放後，再開始組建。有時會試著折斷麵條，有時則會先把棉花糖插在麵條上。

當然，起初會不斷倒塌，不過孩子們會迅速改善並反覆重建。如此一來，最終一定會成功搭建出來。他們不會像大人一樣，以「這麼做不可能，那樣做好像不行」的想法為自己設限，而是帶著無論如何都要堆疊得更高的意志，以及奮力朝目標前進的實驗精神來實現目標。

對我來說，設計超級工廠就像棉

花糖挑戰，沒有人知道該如何建立出最佳目標。不過，可以確定的是，每個小組都不會拘泥於傳統觀念，而是發揮專業能力大膽建造，如此一來才能創造出比既有的還要更好的工廠。

我身為設計組的專案主管，自棉花糖挑戰得到的教訓是，與工廠的專家小組協調，盡可能取得創新結果。為了不使各組的流程、成果對其他小組及整體產生負面影響，我重新建立設計步驟，並且簡單整理出預期結果和工序的關聯性。

• 解決問題時，改變思考框架

在一堂名為「以模型為基礎的決策」（Modeling Managerial Decisions）的MBA課程中，經常可以看到使用數據做決策的案例。其中令我印象深刻的是，基礎框架改變，結果亦會有所變化。即在商業決策中，透過提出何種問題、將焦點放在何處、想改善什麼……以此實際行動。

縱使無法從眾多資訊中做出百分之百正確的定案，我還是絞盡腦汁思考該使用什麼方法，才能盡量做出對的決策。後來，我得知特斯拉的「第一性原理」（First principle），因此在制定框架時，有了許多不同觀點。其重點在於**解決問題或研發新**

事物時，不依照現有觀念提前做假設、限制無窮可能性，而是從最基本的真理開始思考起。

這不只適用於特斯拉工程部門研發，在商務和設計組也能發揮用處。實習期間，我努力將該原則運用在大部分解決過程中。實習快要結束時，我還針對超級工廠特定製造流程的瓶頸工序（bottleneck process），找出相關解決方案（編按：將在第三章詳述）。

為了得出製造成果，應該套用第一性原理的「數量＝設備運轉率／製造一個產品的所需時間×收益率」，明確計算出各工序的輸出。然而，其中的每一步驟都牽涉到變數，很難導出產量。

我向製造部門分享我的分析模型，就變更特定工程的設計提出建議。最終，因為我的建言，達成生產目標。只要轉換思考方式、工作方法和內容，乃至結果，都可能發生改變。最終，我下定決心把「第一性原理」當作我解決問題的首要工具。

• 思考企業競爭力

大部分傳統內燃車公司主要是從外部供應商取得零組件，並組裝生產。在這種情況下，除了供應商要求的企業利益外，製造過程中的外包費用也會如實反映在價格上。

最壞的狀況是，間接成本比實際製造物品所需的原物料和加工費占了更大比例。也就是說，如果是以外包型態形成商業模式，對於購買產品的車商而言，很難控制價格，最終也不易在市場上推出具有競爭力的產品。

特斯拉超級工廠是解決上述問題的核心前哨站。因此，如果想挑戰以高價研發出電動車核心零件，最好可以增加多重階段，以此打破低效的垂直整合。先了解大框架意義，再處理每日工作，和只完成被賦予的任務相比，兩者差異甚大。

實習期間的最佳收穫——學會如何提問

用盡一切力量、全力以赴的三個月實習，一下子就過去了。根據制定的具體目標，專案也成功劃下句點，並獲得量身訂做的學習成果。最後一天，我看到超級工廠仍在施工中，卻也與三個月前的樣貌完全不同。

在特斯拉實習（編按：見第二五四頁附錄B）後，我最大的收穫是學會如何提問。「為了成功完成超級工廠的任務，應該建立什麼樣的過程和設計？在既有方法中，又要改善哪些？」就連一顆螺栓和螺絲都要詳細掌握清楚。

為此，我必須提出具體疑問。回想起從事商品企劃時，在與內燃車公司合作過程中所提出的問題，就能知道我成長了多少。當時，我問的都是一些對事件本質沒有幫助的抽象內容。我相信，如果將特斯拉員工們毫無顧忌的挑戰精神、創意，以及執行速度與現有產業相比，必然會有十倍以上的差距。

第 2 章

人生沒有白走的路，但是有彎路

「為何你要去一家快要倒閉的公司？」

我的回答很簡單，因為我要拯救特斯拉。

01

進入採購士官學校——蘋果

MBA的學生一到畢業季就會分成兩派。一派是先找到正職後，悠閒享受剩餘校園生活，另一派則是忙著找工作，甚至不惜蹺課。已經確定未來出路的人中，有一半以上會回到先前實習過的企業，因為他們大都在實習結束的同時，便得到正式員工的錄取通知。不過，也有人選擇去其他地方應徵。也就是說，即便希望透過實習重新學習，卻因公司的商業狀況或個人表現等，未能被錄用。

我的情況是以上皆是。實習結束後，雖然我有被推薦轉正，但最終並沒有得到確切的錄取消息。再加上特斯拉的商業特性，組織變化相當快速，所以不會提前錄取一年後才有可能入職的員工。

而我也沒有信心再回到特斯拉重新打造「學習曲線」（learning curve）。學習曲線是指在實際業務環境中，為了有效利用特定技術及知識，所需的學習成本。剛開始效果緩慢，但在達到一定程度的理解後，學習速度會加快，之後又會再次趨緩。

在特斯拉實習的經驗，讓我留下了深刻印象，也令我感到自豪。不過，如果回到那裡，我大概能預料到自己將會做什麼樣的工作，也能推測出自己會以何種方式成長。如此一來，我認為在不同環境下，以全新角度訓練自己或許更有效果。對我而言，只剩下「熱情還是學習」兩種選擇。

一邊賺錢，一邊重讀一次ＭＢＡ

一直深感苦惱的我，為了尋找答案，便拜託在矽谷科技公司上班的學長姐們和我分享資訊，也就是「資訊式面談」（informational interview）。他們畢業後從事專案經理、採購等各類業務，告訴我當初為何會選那個職務和公司，以及走向真正目標的道路上，現在的事務汲取了何種幫助等人生故事與職業選擇祕辛。其中，在蘋果擔任全球採購經理（編按：Global Supply–chain Manager，簡稱ＧＳＭ）的艾瑞克對我說的話，至今仍令我記憶猶新。

「凱文，如果要用一句話定義在這裡的工作，我覺得就像是一邊賺錢，一邊重讀一次MBA。」

「嗯？什麼意思？」

「在MBA讀書時，我們要站在投資者、顧客、競爭公司等各種主體的角度上思考、學習，在這裡也是如此。在管理供應商時，要站在投資者的立場，判斷該投資哪一家公司；在採購產品時，會以客戶的視角出發，考慮該用何種標準做評鑑，並使供應商改善品質或價格。不僅是競爭結構，供應商和產品的趨勢將會如何變化，皆可用MBA的觀點來思量。」

「這根本就是『MBA2.0』！」

「不同之處在於，在學校裡無法實際運用，在此卻可以做決策，並且親眼看到結果。馬上確認自己的決斷對商業產生多大影響，既神奇又有意義。」

蘋果擁有良好的全球供應鏈（supply chain），絕對是學習並體驗商業的最佳企業。我突然想起自己來到美國的最初動機，我的熱情依舊是在電動車和環保事業上。為了做出貢獻，除了經歷過的大小事外，我還想培養跨越國界的商務能力。

不過，如果有機會一邊工作，一邊在實戰中盡情利用我在MBA所學，便可以更進一步發展自身能力。另外，在電動車領域不能只靠熟悉的知識與長年累積的經驗來解決，而是應該運用額外學到的東西，以嶄新角度看待該產業。這樣一來，才有助於處理問題。

通常，在MBA轉職大概有以下三種情況。第一是在進入MBA就讀前，曾任職於顧問領域，後來轉向金融業等的「產業」轉換；第二是從工程師變成專案經理等的「角色」轉換；第三則是曾在韓國工作，後來在美國上班等的「位置」轉換。上述三類中，以成功率、難易度及職業滿意度而論，有一至兩種較為普遍，而三種皆發生則是非常具有風險的經歷變換。

以我的職涯轉變為例，我在美國的就業目標原本是特斯拉，但由於在實習中得到反思和人際交流，最後轉往蘋果的採購部門（supply management）。此時，我考慮到了兩件事。

首先，如果選擇回到特斯拉，我很有可能在那裡擔任專案及計畫經理，考慮到在韓國曾擔任過具專案管理性質的商品企劃角色，這麼做就是〇．五倍的角色轉換；而從韓國到美國的位置轉換，是一．五倍的轉換；再者，如果決定去蘋果，三種面向都會改變，即與商品企劃或工程完全不同的新業務、不是首爾而是在矽谷、不是電動車而是電子產品的完全轉換。

當我將目標轉往蘋果採購部門，要準備的應徵內容也變得更多。由於我沒有採購經驗，所以必須從基礎學起，制定自己的哲學和原則。不像首次申請ＭＢＡ時可以年年挑戰，再加上當時畢業即就業的期許，我將所有心力全都集中在這件事上。

選蘋果還是特斯拉？

將履歷交給蘋果後，我也很快與採購部門實務人員敲定面試日期。我運用在ＬＧ和特斯拉工作期間積累的對製造業的看法，還有在ＭＢＡ課程中學到的東西，統整出自身如何透過採購，將商業目的發揮更大作用等，獨到的商業見解。

然後，我拜託該領域的學長姐們告訴我，他們每天都在談論什麼、向供應商和內部團隊提出何種疑問、解決了哪些問題⋯⋯。另外，我還請他們幫我模擬面試（mock interview），藉以得知我的概念與解決問題的原則，與他們的思考方式或方法相比，是否更為新穎，並調整我的方法論（編按：對研究方法的研究）。

電話面試順利結束後，接著，又敲定了現場面試（on site interview）。這場在加州的面試，是由包括我在內的多名應徵者，與面試官一對一進行，雖然一大早就開始，卻一直到晚上才結束。求職面試與申請ＭＢＡ的甄試不同，結束之後完全不知道自己做得好不好，該說的都說了，絕不後悔。

此後，也確定了特斯拉計畫經理職缺的面試日期。在準備應徵蘋果時，我了解到採購的角色還包含專案控管，也就是說，在供應商們為了遵守交期而努力時，我需要管理他們的研發及量產時間，並和相關部門一起確認產品檢驗是否合格。

我記得那是蘋果和特斯拉的面試全部結束後，沒過多久的某一天，兩家公司的人資都為我帶來了喜訊。我分別應徵了蘋果的顯示器採購部門，和特斯拉的電池專案管理部門。在接到兩家企業合格通知的瞬間，我無法用語言表達那份喜悅。過去一邊工作，一邊準備ＭＢＡ甄試，以及獨自在陌生環境中克服一切的每時每刻，彷彿一下子得到了補償。

不過，開心也只是暫時的，我開始煩惱要選擇哪一家公司。在應試的過程中，我始終把蘋果的採購部門放在第一優先順位，但一想到要拒絕引領我成長的特斯拉，卻變得猶豫不決。另外，轉換三種職業面向後所開展的美國社會生活，也令我備感害怕。我花了一週慢慢整理思緒。最後，我決定接受蘋果的職缺。

在我來到美國的那一刻起，就等於是背水一戰。在什麼都沒有的狀況下展開人生新頁，反倒使我產生「若是不果斷的挑戰和學習，我前往美國的意義也會慢慢褪色」的堅決意志。因此我下定決心，即使在剛起步時就面臨失敗，也要大膽衝撞。等到我的能力達到連自己都滿意的水準後，屆時再重回電動車產業。

02

學會在公車上處理公事

結束耶魯大學的學業後，我從東部搬到了西部。又名「灣區」（The Bay Area）的矽谷，包含舊金山、帕羅奧圖、山景城、聖荷西等城市。大多數剛從外地移居過來的年輕人，會在舊金山享受單身生活，而攜家帶眷搬來的人，則會選擇在公司附近定居。為此，矽谷各大企業的通勤公車經常穿梭於各城市之間。

我每天搭乘通勤公車，往返位於舊金山的家和蘋果總部所在的庫比蒂諾，單程約一小時左右。公車就像是一間小型辦公室，大部分的人都會把筆記型電腦放在膝蓋上，埋首於業務中。

更令我感到驚訝的是，沒過幾天，我竟然也在公車上完成了企劃書，或是撰寫電子郵件等。在韓國時，我只要一搭車就會頭暈，然而在蘋果的通勤公車上，由於忙著工作，我居然連暈車的時間也沒有。

聽到我在矽谷工作時，朋友和認識的人最常對我說：「聽說公司餐廳的伙食很好，而且還是免費的，你一定覺得很棒吧？」、「聽說公司設有遊樂場，還可以帶寵物一起上班？」、「不僅可以賺很多錢，而且加州一年四季的天氣都很好，你一定很幸福吧？」

當然，他們說的也不完全錯誤，矽谷就是以優渥的企業福利和精彩的生活等印象，深植在人們心中，過去的我也是這樣想。因此，在矽谷，尤其是在蘋果上班的第一天，我的內心交織著期待、緊張和激動。

到蘋果上班首天，請自食其力

「凱文，歡迎你！」

在蘋果上班的第一天，我的主管站在建築物入口處迎接我進入辦公室，感覺就和在特斯拉實習時差不多。這裡的人們並沒有乖乖坐在座位上，進進出出的人也很多。沒有硬性規定上班時間，所以時常可以看到有人剛從家裡或其他地方抵達公司，也會有人帶著行李，準備前往某地。午餐時間也不設限制，因此也會有人一邊吃午餐、一邊開會，或是撰寫電子郵件。

我和主管針對設定和完成目標所需的事，討論了大概三十分鐘。接著，在我們第一次也是最後一次共進午餐後，便分道揚鑣去做各自的業務。就這樣，我在上班首日便投入在工作中。

如同其他矽谷的公司，**蘋果並不會對新進員工進行額外教育訓練**。在韓國，所有新進人員會在特定日期聚集在一起，接受為期一週的研習，或是在正式安排工作之前，接受公司文化或共同體意識的教育。然而，在矽谷根本沒有這樣的流程。

不只是第一天，**在蘋果上班的這段期間，既沒人指派工作給我，也沒人告訴我具體該怎麼做，只是讓我自行提出應該實現的目標，至於如何執行，我必須自食其力**。我的主管負責管理包含我在內的十多名獨立貢獻者，這些人既是實務工作者也是專業主角，各自負責特定產品。

換句話說，比起「我們組在做什麼？」的團隊主位思考型態，通常會以「個人」為主，並以「這個主管手下的某位獨立貢獻者負責的產品，在品質和供給出了差錯，因而採取哪些應對措施」。對於自身管理的產品，應該要具備專業性，並扮演好角色。

從某種角度來看，在矽谷的生活分成兩種。成為獨一無二的產品專家，以業績取得認可，或者是在產品管理和必須完成的事之間舉棋不定，無法解決其他部門的要求，最終得不到成長的機會。也就是說，不是大獲全勝，就是被徹底淘汰。

為了戰勝孤獨、寂寞的自己，大部分獨立貢獻者都在竭盡全力奔波，只為了完成分內事物。我在熟悉採購業務的同時，還要研究與電池產業幾乎沒有共通點的顯示器。而且用的還是矽谷特有的——全英文研究。

採購說什麼，供應商就得做什麼

報到後的三個月內，我就像在攻讀MBA，忙得不可開交，要處理各種龐大資訊，因而需要強大的執行力。坐在辦公桌前，我沒時間做白日夢，而是接觸各個小組，將他們的訊息統整成一頁，並寫出核心內容。與其花時間思考這麼做是否正確，不如用數字導出主要問題，並梳理出兩、三種解決方案，最後撰寫成企劃書。

我過去的頭銜——採購——在商界扮演著相當重要的角色。採購會管理供應商們，使其在設計及工程中提出新創意，並以全世界消費者為目標，配合價格與數量大量生產。同時，也能提高公司內部組織投入程度，使進程得以推進。就算用母語也很難做好這些事，更何況現在必須用英語完成，所以我必須付出比別人多好幾倍的時間和努力。

再加上，我管理的產品領域有所不同，難免覺得緊張。關於手機或電視螢幕顯示器，在大學時，我曾修過一學期左右的電器課程，但這依然與我從事的電池領域不一樣。因此，為了學習顯示器的工程知識，我付出了更多的心力。

透過與工程師們開了無數次會議，我一點一滴學習產品如何驅動、組裝，以及依據何種產品路線圖來做研發等。幸運的是，工程的核心知識對於理解相關技術和產品有很大的幫助。

身為採購，業務不受領域限制，可以自行決定工作範圍。不只是工程師，供應商們也和我度過無數日夜，密切討論價格和未來貨量等商業問題。而我抱持著「我是供應商領導」的心態，每天都在了解工廠如何運作、是否有機器或勞工問題、能否順利配合目標產量等，為他們提供指引。

供應鏈經常發生意想不到的事件，必須時刻上緊發條。有時產品的不良率會突然提高，或是因設備故障、在投入的物質中發現問題等，皆會導致生產中斷。

如同上述提及，在生產過程或品質出現意外時，我會迅速找出原因，並整理出解決問題時可能採取哪些行動。因其他企劃而變更設計時，為了解需要因此改變什麼程序及裝備，我也會向內部團隊及供應商提出各種疑問。

另外，我還掌握了具體生產設備的維修及保養日期、收益率（yield）趨勢等。作為衡量生產效率標準之一的收益率，是以投入原料與產出成品數量之間的比例做計算。使用了一百個原料時，預估可以產出一百個成品，但如果只產出九十五個，便會有五％無法供貨給客戶，造成損失之餘，也會直接影響業務。

在生產運作方面，管理供應商是採購的主要工作之一。除了公司的主要業務，我還參與各式各樣的活動，培養自身能力。蘋果會舉辦包括每週及每月評價（不是成果報告，而是以分享業務進展及目標等資訊為主要目的）的各種討論會。在這些場合上，可以與各部門站在多元角度上觀察、檢視核心議題，同時給了我一個可以思考更多問題的機會，使我以此為契機更上一層樓。

在蘋果的第一年就這樣匆匆過去了。不知不覺間，我成為在產品出現問題，或是需要召集各種會議、為供應商提供相關資訊時，最先尋找的「顯示器採購」。

03

職業倦怠也是一種職涯經驗

在矽谷企業裡，以獨一無二成果嶄露頭角的獨立貢獻者，隨時都有可能成為「明日之星」。有時可以從研發新產品一路順利走到上市，不過偶爾也會發生因供應鏈出現重大事故，致使產品面臨存廢抉擇，最終戲劇性的克服危機、成功上市的事例。像這樣慢慢累積業績，不僅是個別小組，個人也會受到全公司很大的關注。

再來，組織結構會根據需求徹底重組。如果企業開始推出新產品，個別部門要消化的工作量便會變多，所需人力也會隨之增加。我隸屬的團隊隨著新專案的推進擴增了人力，但團隊人數已達到我主管可以管理的最大值，自然就壓縮到和我一起花時間針對專案集思廣益的一對一面談時間。現在，是時候重建小組了。

「凱文，你現在負責的顯示器領域將執行各種專案。近期會有一位新主管來協助你。」

現在的主管召集包括我在內的三名採購，進行了十分鐘左右的會議。他當時說的話，至今仍言猶在耳。「身為上司，就必須無私的幫助部屬？」過往我總是習慣從上司口中得到工作指示，如今實際聽到這句話，越覺得「上司必須幫助組員」本身很不可思議。

我在一無所有的狀態下，開始了在矽谷的職業生涯。雖然在特斯拉時也是如此，但我也不禁開始懷疑，這麼做是否正確。我非常期待可以有一個得到公司認可的人作為我的上司，更加密切的幫助我。如此一來，不僅是個人發展，企業實現目標的機率也會提高。

新主管到任首天，我和他一同討論了我目前正在做的業務，以及可能成為癥結點的議題。在接下來的幾個月，新主管也為了盡快熟悉新的工作內容，每天和我一起辦公。越是與他對話、辦公，越能感受到他會站在和我不同的角度看待問題，並以新形式提出想法。顧名思義，這是一次新的學習時機。

我主管的工作風格非常細膩，在在證明他的業績實力，這也正是蘋果的文化和辦事方式。我們更進一步細分工程會議的種類和主題，除了我主要接觸的組別之外，還要與更多小組牽線，為產品上市做好充分準備。在評估費用或往後計畫等各種會議上，詳細分析採購的數量和價格，讓討論內容變得更豐富、深入。

此外，我也經常與供應商、各個亞太全球小組一同更新工廠的運作情況，同時為了防患未然，做好萬全準備。會議次數比以前增加兩倍以上，甚至安排了很多晚間會議。我不斷向內部團隊和供應商索取情報、提出新問題，為了實現我和企業的目標，對他們死纏爛打。而他們也為了達到自身目的，不停糾纏著我，從我身上獲取必要的資訊，並引導我付諸實踐。

工作了一年左右，我完成了絕對無法獨自完成的事。不僅獲得豐富經驗，思考的幅度和深度也出現重大變化，更是學會如何提問，以及為了完成任務所需的各種能力。

現在回想起來，這是我的職業生涯中，學到最多業務技能的一段時間。當時，我的主管就像軍校或軍隊的教官一樣訓練著我，有時還會和我一起並肩作戰。

矽谷企業的業務量可以無限擴增，不僅比以往更有深度，也會不停增加工時，有時甚至為了能更充分理解專業內容，而開更多會議。這樣一來，精神和體力的負荷自然也會加重。如果負擔持續積累，最終就會導致職業倦怠。

從主管角度分析問題，我的倦怠不見了

我也曾遭遇過職業倦怠。即便參加很多會議而成為專家，我消耗的能量也變得越來越多。為了說服各小組，必須擁有眾多知識和情報，而且若想提出具邏輯性的主張，還要培養思考能力。越是學習、了解，我的待辦清單就越長，目標也越高。

尤其在和擁有卓越能力的主管一起工作後，我總會被他嘮叨。開會時，我擔心自己的發言或想法會和他有所不同，所以只能看人臉色。這也讓我更加鬱悶，擔心是否還能將知識和情報，積極分享給其他部門和供應商。

主管經常在會議上打斷我的話，或是按照自身想法和方法執行，我的自信和自尊心越來越受挫。最終，陷入了什麼都不想做的倦怠症狀中。我突然不想去公司，孤獨的矽谷生活漸漸變得淒涼。

但是，我不能就此放棄。越是如此，我越努力想找回初衷。我經常想起自己是歷經多大的艱難才來到美國，以及在這個過程中，產生了哪些想法、下定了什麼樣的決心……我告訴自己：「不能踏上回頭路，無論如何都要克服。」然後，冷靜的檢視自身。

結果我發現，這一切的根本原因是我沒有主管專業。如果解決了這個問題，我相信職業倦怠也會迎刃而解。從那一刻起，我盡全力督促自己更加積極的接受主管的工作和思考方式。**我試圖效法他制定框架和提案的邏輯，並在和其他部門開會之前，先進行事前評估，且與他分享自己的看法。**

某天，我和提供驅動顯示器所需的背光產品的供應商開會。我們一同討論正在量產過程中的下個月貨量，然而供應商提出的計畫，對比貨物量損失的原因卻不甚明確。

我藉由主管的思考框架分析問題的歸因，還以新角度詢問對方沒想到的事。不知不覺中，我變得非常井井有條，如同我主管引導會議那樣，我甚至覺得自己做得比他更好。

「凱文，剛才你在會議上提出的方案非常好。」會議結束後，我終於從主管口中聽到正面回饋，先前的擔憂似乎也完全消失。

此次經驗雖然苦澀卻也成為良藥，並為我上了一課——**對無知的恐懼會導致職業倦怠，而這也成為我職業生涯的一部分。**同時，以此作為反面教材，我領悟到如果日後成為主管，為了防止員工們產生職業倦怠，得事先做些什麼。

當組員與我的看法不一致時，我會尊重意見的多樣性，並將其想法視為資產，為了讓他們可以有自信的執行專案，我決定不介入會議，而是個別指導。因為專案的主角不是主管，而是團隊中的成員。

04

跳槽到即將倒閉的電動車公司

只要是上班族，都會考慮跳槽。那麼什麼時候「跳」，才是最適合的時機？雖然這句話很矛盾，但在某組織中感到舒適時，就是需要改變職涯的時期。

二〇一八年底，我從顯示器組調到感應器組，因為在蘋果最貴的零件——顯示器部門工作一年半之後，我逐漸變得安逸。當然，進入公司後，我參與了兩次新產品的發行，也歷經很多瓶頸，隨著時間流逝，早已對工作流程一清二楚。

當時在矽谷，無人駕駛和人工智慧正受到矚目，因此，我自然而然對負責Face ID等感應器部門產生興趣。我和採購部門聯絡，並和對方來一場咖啡約會（coffee chat），討論主力領域的未來展望和成長潛力。

最後，我成功調職到該部門。我耗時三個月與感應器組深入對話，針對自己能參與哪種專案並做出貢獻，具體制定可行性高的策略。在新團隊中，理解感應器產業及技術的過程非常愉快，能結合在顯示器組所學經驗相當有趣。我的主管和採購高層們對我取得的成果很滿意，也定期給予正向回饋。

在接下來的六個月，我為小組帶來大成就，將超過五個感應器產品採購價格壓到一半以下，並運用有限的供應商，滿足長期貨量計畫。然而，我卻覺得工作模式趨於單調。能力得到認可是件好事，卻也不禁懷疑：「這就是我想要的嗎？」

我把在傳統上已臻成熟的顯示器領域的經驗和實力，應用到近乎是新創產業的感應器組織上，並且取得成效，工作起來也更容易。投入不到一半的心力，就能獲得兩倍以上的成果。我投入的工時逐漸減少，比起得到好成績，反而是為了以最低限度的努力，取得適當的成果，而開始耍起小聰明。最終，我對產品及公司的熱情也在不知不覺間冷卻。

經過十二小時飛行，確定跳槽

我喜歡到海外出差。因為長途飛行無法確認電子郵件，也不能用電話。這時，就是我和自己對話的時間。二〇一九年春天，在去香港出差途中，我思考了職涯與人生旅程。「是什麼造就現在的我？」難道我只是順應一腔熱血來到此處，並為了爭取目標不斷努力？沒有變化和挑戰的工作不符合我的風格。

長達十二小時的對話結束後，當飛機著陸時，我的腦海中響起一道要我「在獲得喝采時轉身離開」的聲音。我想起自己曾在幾年前承諾過，若是能力達到令人滿意的水準，屆時我將重回電動車產業。

就像調職到感應器組時一樣，我重新展開「人際交流」。另外，在轉換跑道至電動車領域時，必須考慮、分析三個框架——角色、產品、新創產業及大企業。

首先，「我將扮演何種角色？」評估是否要以採購身分繼續發展，或是嘗試其他角色。我身為了解商業知識及工程技術的採購人員，在目前的公司成功扮演好自身角色，卻也懷疑再這樣下去是否還能持續注入熱情。

接著，「要管理何種產品？」對於從事特定領域工作的人來說，累積專業非常重要，尤其是工程師更是如此。然而，若是採購則有些不同，必須擁有不斷學習新產品的心態，還要站在新的角度思考，且運用從現有產品上學到的東西。

最後，「要選擇新創公司或大企業？」事實上，這部分最令我苦惱。在人際交流的過程中，偶然有機會與新創公司——Zoox的人資交談。

該家企業專門研發機器人計程車（無人車），因此需要自動駕駛感應器的採購人才。為了更深入了解現狀，我還透過人資牽線，與員工一對一對話。在與他們交談的過程中，我對此產生了興趣，於是正式開啟應徵流程。

到目前為止，我待過的地方都是規模較大的公司，所以我其實很想體驗新創企業獨有的工作方式，以及藉由公司首次公開募股（IPO），成為暴發戶的經驗。

我反覆思索上述三大標準，最後提出根本問題——我真正想要的為何？結論出乎意料的簡單，如果是電動車，答案絕不會是新創企業，而是特斯拉。

我想起二〇一六年夏天，雖然在特斯拉實習時很辛苦，不過每天都很有意義，也累積了許多愉快的回憶。再者，當初讓我來到美國的原動力不就是特斯拉和馬斯克嗎？下定決心的我，又開始與特斯拉有了連結。

毅然決然逆向行駛，我要拯救特斯拉

當時特斯拉的情況非常不好，還傳出為了量產Model 3，正瀕臨破產的消息。也許正因如此，以前曾和我一起共事的大多數同事也早已出走。

再者，蘋果和特斯拉的市值相差約五十倍。憑藉待過蘋果所帶來的自信，我沒有透過人際交流，而是直接在特斯拉網站上傳簡歷。不出所料，特斯拉的人事部不到一週便與我聯絡，安排面試。矽谷的面試不是以甲方、乙方的關係進行，而是讓應徵者與企業及部門互相交流。

顯然，特斯拉正在經歷成長期，他們將命運賭在上海超級工廠，以此作為新的全球擴張動力。為了讓上海工廠一舉成功，所有成員全都專注於此。此時，最重要的是發掘電動車核心——電池供應商，確保維持業界最佳的價格及貨量。徵才主管相信我能達成目標，我也相信自己在蘋果磨練的採購技巧，加上先前在電池企業擔任工程師及商品企劃人員的知識及經驗等，可以有所助益。

我一邊苦惱是否該挑戰新創企業，一邊參與Zoox和特斯拉的正式徵才流程。不久後，我同時收到兩家公司的錄取通知。現在，選擇權在我手上。

如果選擇Zoox，不僅可以累積新創企業的工作經驗，未來若自動駕駛技術成功商用化，無人車的時代來臨，車輛數量及交通壅塞的問題都會獲得緩解，二氧化碳排放量也會減少，更能為全球暖化做出貢獻。

然而，在面試過程中，我覺得Zoox是一家缺乏強大工程或領導能力，卻擁有商業創意的公司。另外，如果不是內部人士，很難掌握他們的技術目前成熟到什麼程度。最重要的是，它並沒有讓我產生想盡快加入他們的衝動。從某種角度來看，這與當時我從顯示器部門調職至感應器部門時的模式相似，深怕悲劇會再度發生。

另一方面，特斯拉雖然是讓我來到美國的原動力，但這家公司的生死存亡取決於上海超級工廠。萬一出了什麼差錯，企業的未來將變得不透明，隨時可能殞落。那瞬間，我的心感到一陣刺痛。我開始思考自己能為特斯拉做什麼，最後得出結論，就是以我至今為止累積的經驗與實力，確保最佳的電池價格和貨量，幫助上海超級工廠取得成功。

在新創企業工作以後還有的是機會，但當時的特斯拉需要我，即使它可能會就此倒閉也沒關係，我確信，這是出於我滿腔熱血所做出的決定，絕不會後悔。

次日，我便通知我的主管和部門總監說：「我要辭職。」他們相當驚訝，同時也覺得可惜。

「啊，凱文！你調到感應器組後創造出壓倒性成績，怎麼突然想離開？」

「我很享受在感應器領域取得的成果。不過，我當初來美國是為了在特斯拉促進電動車產業蓬勃發展。雖然暫時在和那個領域有些距離的蘋果工作，但我覺得現在是時候該回去了。」

大衛也告訴我，再過一段時間我就可以升職，如果我對電池懷有熱情，建議可以轉調到蘋果的電池組。

「大衛，可是我想回特斯拉。聽說他們現在因上海工廠的問題很辛苦，我想去幫忙。」聽到這句話，大衛只好尊重我的決定，不再試圖說服我。

會議室外，東尼正在等著我。我對東尼表達感謝，並對他說：「雖然很遺憾，不過現在是時候離開了。」

「凱文，我問你一件事。」東尼接著笑著說。

「現在特斯拉的員工們由於無法量產 Model 3 陷入困境，反而想來蘋果，為什麼你卻反其道而行，要去一家可能馬上就要倒閉的公司？」

而我的回答很簡單：「我要拯救特斯拉。」

05

把自己當成電池產業的執行長

今天是「第二次」到特斯拉報到。我的主管正在海外出差，我在同事的幫助下進到辦公室。特斯拉也像矽谷的其他企業一樣，是需要自食其力、如同叢林般的地方。我和同事們互相打招呼後，便獨自和相關部門見面，整理當前專案進展及必須執行的業務。在矽谷，進入企業的瞬間，就是完成任務的起點。

再次回到特斯拉的感覺很新鮮。雖然不是在內華達沙漠，而是位於帕羅奧圖的總部，但熟悉的大樓設計和室內裝飾，再加上不是實習生而是正式員工，就像回家一般，令人悸動。一想到經過幾番周折後，我終於在使我下定決心來到美國留學、讓我樹立目標的公司工作，內心非常激動。當初，我在MBA課程結束後，因放棄特斯拉而前往蘋果任職所產生的歉意，也隨之減輕了一些。

正式入職之前，我的職位和負責的任務也已確定。這是為了建立並擴張特斯拉的新成長動力——上海超級工廠的電池供應鏈，因此公司希望透過此舉，超越現有的生產能力，建立全球生產基地，並更上一層樓。

特斯拉看重團隊，蘋果重視個人

特斯拉的成長動力在於，因熱情聚集在一起的人們。進入辦公室的瞬間，一股熱浪直接朝我襲來。能夠與為了完成特斯拉任務，在各自的崗位上拚盡全力的同事們組成合作團隊，光是這一點就讓人感到自豪。

相反的，我在蘋果任職時，卻不曾感受到這樣的氛圍。當然，同事們也都非常喜愛蘋果的產品，但他們不像特斯拉的員工們那樣，統合個人與公司的目標，帶著團隊精神工作，蘋果的職員更想實現個人目標。

在蘋果，有像我一樣，想好好學供應鏈的人，也有想繼續享有高薪及良好福利，因而勤奮上班的人，還有想在負責的領域中，成為世界上最優秀專家的人……每位職員的動機都各不相同。正因如此，就算是同一家企業的員工，視彼此為夥伴的感覺並不強烈。

我在蘋果和特斯拉各自負責的業務內容和面向也非常不一樣。在蘋果，是以過往經驗值為背景執行業務，無須具備優秀的創造力。利用累積數年的產品研發及量產經驗，適時發掘供應商，並且有系統的整理好各組別要做的事務。

合作時，各小組必須檢視的要素幾乎一致。即使改變設計或引進新技術，從結論而言，也沒有脫離現有的問題解決方法。因此，對採購來說，執行力最為重要。

相反的，在特斯拉，研發新事業才是重中之重。首先，當務之急是挖掘新的供應鏈。上海超級工廠建立在什麼都沒有的荒原上，為了達成具攻擊性的貨量目標，並成功推出 Model 3 和 Model Y，必須傾盡全力在電池供應上。同時，特斯拉的採購不僅要培養電動車市場，還要與供應商共同成長，因此，必須擁有強大的執行力、創意力及商業洞察力。

建立問題框架，迅速解決

回到特斯拉，是出於想要回到初衷的強烈意志，因此我也下定決心傾注累積至今的所有經驗和知識。我想把在韓國企業和 MBA 學到的東西，以及在採購的士官學校——蘋果學到的所有祕訣，都用於完成特斯拉的任務。

在矽谷開始第二段職涯時，我想起在蘋果得到的一則教訓：「如果**成為某領域獨一無二的專家，就沒有什麼可害怕的了。**」如果成為特定領域的專家，就不會被別人牽着鼻子走，還可以運用強大的執行力，取得卓越成果。不僅如此，也能擺脫職業倦怠的風險。當精神上面臨臨界值時，職業倦怠會更快出現，主要發生在工作不如意時。因此，我最優先考慮的是學習電池領域。

不只是對「電池」的技術分析，也抱著「我是這領域執行長」的心態，學習了宏觀經濟、供應鏈、價格結構、生產經營等知識。另外，也與包括工程技術在內的有關部門商討，掌握他們今後要改善的地方，可說是把所有的時間和精力，全投入到電池上。因為我相信產品和公司的任務，所以並未覺得疲累。

我在蘋果磨練出的採購技能，如今在特斯拉大放異彩。特斯拉當時的環境正處於電池供應鏈的草創期，因此我像在白紙上畫畫一般，逐步設計必要的工作。而我做得比別人更快的是，**建立解決問題的框架**。

將預測供應計畫所需的要素製作成 Excel 文件，並定期更新。同時在電池量產過程中，確立了產品研發組應處理的重點業務後，為了便於日後檢查而制定追蹤系統。此外，在各種會議上，我也主動提出，像是「該向供應商詢問哪些問題？」、「在即將量產前會發生什麼事？」、「必須把哪些要素放在評鑑重點？」等。而為了那些沒有供應鏈背景或從其他領域來的組員，我舉行了數次的指導會議，幫助他們成長。

06 採購得雙贏，不能是零和賽局

大部分上班族在發展職涯過程中，升遷或是當自己主導的專案成功時，會覺得自己備受公司認可。這一點，各家企業相差無幾。

我在韓國上班時發現，並沒有什麼機會能讓企業和自我同步成長，從而得到成就感。當公司推出受到媒體或大眾矚目及好評的產品時，身為員工可能會感到驕傲，卻很難在這份自豪感與個人成長之間建立關聯性。

但在矽谷，專案的成功和隨之而來的公司成長，將成為個人業績，且對今後的職涯產生直接影響。不僅如此，隨著企業市值上升，還會給予普通上班族無法想像的金錢補償。

在特斯拉工作很有趣，從無到有的創造過程也很有意義。為了向上海超級工廠供應電池，我與相關供應商一同做生產準備，這才發現要思考的事實在太多了。例如，產品能否正常發揮性能；工廠按照計畫好的貨量目標運作時，供應上是否會出現差池；有無可能在不調漲價格的情況下生產等。與此同時，公司內部也需要接受供應商的產品，所以當業務一啟動，我便前往上海超級工廠，與生產、品管、工程等當地團隊建立起人際網絡。

然而，我負責的供應商團隊幾乎沒有量產的經驗，比如向新工廠供貨得做些什麼、為了準備量產要進行哪些評鑑、過程中會發生什麼問題……相關背景知識並不多。即使舉行會議，也無法交換有意義的情報，對於狀況檢查的回覆，也只是說一句「以後會更好」等制式回答。漸漸的，一股危機感朝我襲來。如果相信他們，就這樣做下去，可能會把事情搞砸。

因此，我決定先培訓供應商團隊。為了制定實際的供應計畫，需要什麼樣的數據；為了預測生產，需要什麼樣的假設；開始量產後，我方應以什麼樣的方式投入產品、要著重管什麼才好等，我一邊詢問相關負責人，一邊提議該做哪些工作。當時，我抱持著「我是電池部門執行長」的心態，認為供應商的人員教育，也是我該做的分內之事。

現在回想起來，我解決問題的方式，來到矽谷之後完全變了。在韓國，所有人都為了尋找固定答案而彼此競爭，比起過程，更集中於結果。就算進入社會，也會在有限的機會中，不斷承受互相比較所帶來的折磨，覺得取得比別人更好的成果非常重要。

也就是說，比起關心公司和社會的整體發展，人們更沉迷於在有限的資源中，相互爭奪的「零和賽局」（Zero-sum Game）。然而，行事也不能太過顯眼，只要比別人強一點即可。如此一來，自然很難出現創新想法或解決問題的方式。

不過在矽谷，這種在幾個選項中尋找正確答案的形式行不通。不該以現有的東西為基礎，試圖研發出更好的東西，應該以探險家的精神，抓住未來的機會。因此，不是「做得比別人更好一點」，而是要努力「創造之前沒有的東西」。為此，看待問題的觀點和提問的方向必須完全不同。

現在，請試著假設要對一條新的產線進行年度生產計畫評估。在韓國，通常會先確認前一年的產量後，再諮詢生產組和相關部門，這是從選擇題中尋找答案。不過，矽谷卻提出以下各類問題：「生產線的循環時間是怎麼計算出來的？」、「這是會投入很多人力的生產方式嗎？」、「生產過程中可能會出現不良率，從生產初期到穩定階段，預測效益時考慮了哪些因素？」

這些問題不是從現有的經驗和假設中推斷出來，而是在完全理解生產線後，確定物理上可達成目標的過程，也是發掘可能性和潛力的工作。如果想運用這種由下而上（bottoms up）的交流方式，必須非常著眼於實際利益。例如，在矽谷的管理人員也會與實務人員一起解決問題。

其他專案也需要另一個凱文

我以供應商的領導兼專案開拓者的身分工作了半年多，成果開始逐漸顯現。供應商也會如實與我反映生產內容，並確保交付比預期更多的貨量。公司內部也事先研究了供應商的產品風險，以及運作時須注意的事項，使上海超級工廠能順利量產。當時，在與主管進行一對一會議時所聽到的回饋，令我留下深刻印象。

「凱文，你負責的案子做得非常好。充分扮演了採購人員的角色，與工程部門的合作也相當出色。我剛剛和工程組聊過了，他們說，其他專案也需要『另一個凱文』（another Kevin）。他們還要求我，以後要多錄取像你這樣的人。我回他們說，很難再找到和你一樣優秀的人。哈哈哈！」

經理的回饋比任何獎勵都還有價值。居然要以我負責的專案為標準，應用在其他案子上！身為負責人，沒有比這個更有意義的了。

那時，公司內部為了新的成功經驗而忙碌不已，然而外部卻對啟用上海工廠表示擔憂。供應商們也對庫存囤積後會發生什麼事、汽車實際上是否暢銷等，感到十分不安。不過，在上海超級工廠成功運作後，出現了穿破天花板的爆炸性需求。投資者和世界對特斯拉的看法也發生轉變。

特斯拉同時也給予一直以來盡最大努力的獨立貢獻者金錢上的獎勵。當企業市值比上海超級工廠開業前增長了十倍以上，員工們持有的股票價值也隨之暴漲。在公司有困難時，一起煩惱、傾注熱情的員工們，有機會取得一生都無法想像的財富。我也在自己的職業生涯中，累積了具象徵性的發展歷程（編按：track record，業績的概念，包括成功及失敗的經驗）。

07

接受變化，成長更多

在美國教育中，經常出現「成長型思維」（growth mindset）和「固定型思維」（fixed mindset）的概念。前者是在對待生活的態度上，相信能力和技能可以藉由努力獲得進步，並樂見挑戰與回饋的心態；反之，後者認為，人的能力和潛力早已注定，因此會選擇放棄看似不可能的事，嚮往避免嶄新變化的舒適生活。

隨著職涯累積，必然會遇到各種逆境和挑戰。我在特斯拉管理供應商時，也經歷過各種危機。正如沒有什麼是永遠的，組織會不斷變革，團隊成員也會定期更換。是要害怕變化，還是要把它視為成長機會，完全取決於個人。

某天，主管申請了一對一會議。

「凱文，我們組的〇〇要調到其他組了。你也知道，我現在掌管的是公司最重要的專案。所以，我希望你可以憑藉這段時間的成功經驗，負責這個新案子。我會找個人來幫你。如果你考慮好了，再告訴我。」

聽完主管的提議後，我設想了各種情境。現在手邊的案子只要依照既定程序做好管理即可，站在職涯發展的層面來看，可學到新東西的機會卻很少。然而，如果額外負責新專案，可能會因無法達到期望或失誤，讓至今為止累積的發展歷程出現瑕疵，我實在無法輕易做出結論。當時，我再次想起來矽谷的初衷。

我在任何組織都不曾安於現狀。如果負責的工作成了常規，我經常會為了新挑戰不斷嘗試。這是因為我具有成長型思維，並且擁有不害怕變化的性格。再次確認自己是哪一種人的瞬間，我便不再苦惱，我馬上告知主管想要挑戰新案子。接著，在之後的幾天，他聘用了要和我一起工作的人，並立即投入該專案。

新案子和現有專案的條件本身就不一樣。商業模式、成員資質、企業支配結構方面、產品研發原則、引領生產效率的方式等，都不盡相同。必須從不同角度理解差異，以此制定出符合要求的新管理策略。特別是，我的角色和以前負責其他專案時不同了。雖然不是正式主管，但我這次擔任的是挖掘新員工潛力、提高專案完成度的半主管（semi–manager）。

我想把這段時間和主管們一起工作時，從他們身上學到的事物，以及克服職業倦怠的案例當作教訓，制定出屬於我的管理風格。最重要的是，我想讓和我一起共事的同事以自律為首，認知到自己才是專案的主人，並在過程中感到自豪。

晉升部門主管，創立管理風格

為了新專案，我前往內華達州出差。看到實習時期，從一片荒地開始建造的超級工廠不知不覺成型，如今已有許多員工正在裡面為了特斯拉的任務而四處奔走，不禁令我心生感動。我與新加入的組員——魯迪，檢查工廠內部數次，細分每條生產線流程，以便計算出可以產出多少貨量。同時，我也掌握了哪些部分可能會遇到瓶頸。

在與新的供應商合作時，我們利用各種形式努力改進生產工藝，使他們的產量可以達到期望的目標值。而我利用在上海專案嘗試過的方法，以及經歷過錯誤後領悟到的教訓，將他們的潛力提高至最大。

雖然每個供應商的生產型態各不相同，不過在解決他們身上的問題點時，使用的原則卻一樣。透過特斯拉的第一性原理，仔細了解各供應商的生產條件，並在設定最大目標值後，精準掌握理論與實際情況相違背的部分，藉此找出改善之處。

我也和魯迪分享了這種方法，並引導他將過去在其他公司的事業研發部門累積下來的經驗，運用到供應鏈業務上。為了使他盡快成為專案主人，我們一起制定議程與策略，並事先理解主要內容，以便他主導與供應商的每週會議。另外，我也以自己過往發生職業倦怠的經歷為教訓，對話時，不把個人想法強加在他身上，而是分享意見、努力遵守相互學習的態度。

即使是擁有相同目標的同事，也有不同的思考和工作方式。雖然大家都在各自的領域竭盡全力，但每人的經驗和知識都有差異，難免會有不一致的見解和方法。我認為，主管的角色是盡可能找出組員的優點，將其應用於業務上，取得最好的結果。在這個過程中，自然會形成屬於自己的管理風格和哲學。

或許是度過了一個比任何時候都還要炙熱的夏天，專案也因此取得好成效。與一開始相比，供應商能執行的計畫相對增加，產量也更接近目標值。我們共同努力，為實現任務提供更進一步的契機。從這一點看來，我覺得十分欣慰。

對我個人而言，這是一段再次領悟到，自我實驗精神及成長型思維相當重要的寶貴時間。與其相信所有問題的答案，或是因不知道正解而感到害怕，倒不如以開放的心態集中於本質，消除好奇心就會發現意想不到的可能性，進而從中取得良好成效。

最重要的是，我以自己的管理風格帶領的第一個指導對象——魯迪，成功完成了專案，這點非常具有意義，而我也寫下身為主管的全新發展歷程。實際上，生產部門的一位主管曾對我稱讚道：「魯迪真是太棒了！」這令我想起以前我的主管也稱讚過我：「工程師們需要『另一個凱文』。」因而感到無比欣慰。一邊感受當時的既視感，一邊想到自己在特斯拉也度過了一段很長的時間，感觸頗深。

那年，在表現評鑑（performance review）的季節，我正式成為特斯拉的部門主管。這是過去那段時間執行專案的成果，以及團隊成員魯迪的出色表現獲得認可所得到的結果。我不再只是獨立貢獻者，而是管理階層。如果當初畏懼新業務和成長型思維，便沒有後來的挑戰機會，也無法打開新的職涯之門。

08 成為部門主管三必備

在成為主管之前，我抵達辦公室後做的第一件事，就是檢查專案是否有問題。同時，我也會思考，萬一出現問題應該如何解決。在確認電子郵件時，時常因忙著尋找與專案相關的話題，導致經常錯過重要活動或公司的重要議題。

當上主管後，我開始養成先確認日程的習慣，查看今天有什麼重要會議、有哪些業務要結案，我也會思索該怎麼有效利用一整天的時間，幫助組員們主導專案。因此，我又養成了一套屬於自己的早晨例行公事（編按：見第二五八頁附錄C）。

為了站在宏觀角度解釋與公司生意相關的全球新聞和趨勢，我每天早上會花十五分鐘閱讀報紙，並進行冥想。成為主管後，我想了很久，應該具備什麼樣的條件，才能稱得上是一位優秀的管理者。所以，我整理了以下三個必備要點：

・對人的深度理解

我很重視多樣性，身為主管，我有信心可以更清楚理解團隊成員。但在這件事情上，我也曾發生過重大疏失。其中一名組員因供應商的品質問題而陷入苦惱，因此我也參與了解決問題的過程，並一起提出補救方案。然而，就在這時，我收到來自工程部門的一封郵件。

那封郵件中，整理出有關問題分析，及貨量會對交易產生何種影響的內容。我頓時覺得，自己身為主管的角色和對業務的控制權，被工程組搶走了。貨量分析與下階段的建議本應由我們組提出，但工程部門的提議，反倒使我感覺我的組員沒有做，或做不到他們該負責的工作。

於是，我寄了一封簡短的電子郵件給組員們：「這些業務內容之所以會來自工程部門，代表我們沒有扮演好供應管理人員的角色。」幾個小時後，某位組員回覆了我一封「落落長」的郵件。

那名組員表示，貨量和相關業務內容是他寫的，而工程部門只是將該文件整理過後，再用電子郵件告知而已。原來，這是一封為自己辯護的郵件。那瞬間，我在心中暗自喊了一聲「糟糕」，這也令我也回想起過往的經歷。

當時，我的主管對我的業務事事干涉，讓我變得畏縮。比起創造新價值，那時的我耗費大量時間和精力保護自己，並為此感到痛苦。因此，我告訴自己，如果有幸能成為主管，絕不會再重蹈覆轍。然而，我卻犯了相同的錯誤。

我約了那位組員當面且真誠的把話說開，也成功消除誤會，不過這件事確實是我的失誤。在送出那則訊息前，我應該先問自己幾個問題。例如，「組員們希望以何種方式與主管溝通？」、「根據經歷，組員們整理業務內容的能力如何？」、「我曾向組員們具體說明過，如何扮演好供應管理者的角色嗎？」等。

以該事件為契機，我切身感受到如果想要成為一名優秀的主管，必須深入理解對方的態度。

• 提出好問題的能力

如果提出的問題夠好，就能引導組員們採取更好的行動，同時幫助我的上司做出正確決斷。我的總監在這方面表現出色，在企業重要決策的會議中，他會洞察核心問題，引導高階主管們做出最好的判斷。另外，他光憑提問，便能引導各組別正確執行業務。

「如果產品組合發生變化，是否得花更多時間建立供應鏈？如此一來，可能會影響公司完成任務。大家（高階主管們）對於投資組合有多少信心？」

這個問題再次讓上級們想起企業策略，並根據市場和供應鏈的情況，考慮變更方案。在矽谷，**比起主管的話，執行任務才是最優先的**。另外，我的上司在一對一會議或與組員們召開專案評估會議時，也會利用提問讓負責人深入思考。

「大家可能沒想到會有這樣的結果……以我現在提議的方式計算，是否也能得到相同結論？」

他絕對不會指示組員們要做什麼，也不會斷定小組的提議是對或錯，只是透過問問題，給予眾人一個機會，慎重思量之前可能忽略的部分。

這種提問方式可以成為強而有力的管理工具。即便我不再是獨立貢獻者，也能藉由提問掌握事情的發展進度。身為一名顧問，在發掘組員潛力的同時，還可以將其當作提高業務能力的指導工具。

當然，擁有豐富的背景知識，並不代表善於提問。我認為，唯有尊重多樣性、善於傾聽他人意見，才能達成有效溝通。我和總監一起做事時，努力學習他問問題的方式。與此同時，我也一直在思索該怎麼把它應用到我的管理風格上，且能夠青出於藍而勝於藍。

• 卓越的發展歷程

如果說獨立貢獻者的卓越發展歷程，是使小組內部成長的重要因素，那麼，主管的卓越發展歷程有時會超出小組和企業的範圍。

以我自身為例，隨著團隊的專案範圍及數量增加，需要補充更多人力。由於矽谷的徵才特性是，因應業務需求尋找最適合的應徵者，因此時常得由主管親自奔走面試現場。

在面試的過程中，主管和應徵者會互相詢問很多問題。雖然主要是針對職務角色，但也會遇到關於我的管理風格、在小組內的職業前景為何的疑問。結論是，主管要自行向應徵者宣傳自己的團隊品牌。

我也曾遇過以下經歷。有一次在招募組員時，面試者是我的兩位熟人。其中一名是我在蘋果的同事，在我離開之後，我們依然經常保持聯繫。正好某次詢問彼此近況時，我與他分享了徵才消息。不久後，他因信任我的管理風格而來應徵。另一位則是當時我組員的朋友，透過他了解徵才消息和組內文化後，也決定來應徵。

矽谷是個注重人際交流的社會。可以藉由與他人交流，大致了解自己是如何工作的，又是追求什麼樣的管理風格。最後，身為一名主管，唯有從自我建立好發展歷程，人才才會聚集，團隊能力也方能提升至另一階段，進而使公司的組織文化朝更好的方向發展。

第 3 章

前進矽谷

矽谷公司為何能在各產業中占據全球領先地位？

因為夠瘋狂。

01 開發新廠商，以防壟斷

進入蘋果後，最令人感到驚訝的是，我每天所做出的決策，重要到既能成就卻也足以扼殺任何一家企業。從某種角度看來，這樣的權限雖然多少有些危險，不過站在公司的立場而論，是由於相信我可以扮演好相關領域的領袖，才會選擇錄取我，因此這也可視作理所當然。

矽谷和亞洲的企業文化基礎不同，才會有各自可行性的組織運作方式。首先，歷史、地理背景有著巨大差異。即便現在亞洲的企業文化產生重大變化，但整個組織仍舊根據決策者的命令，有條不紊的執行業務。比起由相關領域的專家親自決策後進一步行動，更偏好先向高層報告，等到獲得批准後再做。

相反的，在矽谷的企業組織文化中，重視自由和獨立精神。這裡既多元，也是使擁有不同背景的人盡情發揮潛力的地方，比起由上而下的管理方式，在實現公司目標的過程中，更重視多樣性、相互尊重，以及由此產生的協同效應（Synergy Effects）。

二〇一八年，我在蘋果負責感應器採購業務。然而，我管理的零件之一，要求精密的設計和嚴苛的條件，因此有能力生產的只有一家日本企業。但正如我在MBA學到的，如果產業形成「壟斷」（monopoly）或「雙頭寡占」（duopoly），以採購的立場而言，將會非常不利於協商價格及數量。

若由一家公司壟斷產品或服務，消費者便無法擁有替代品的選項，導致只能以不合理的價格購買。與壟斷相比，雙頭寡占稍微好一點，不過也會發生兩家企業互相串通價格的情況，提高產品品質和價格競爭力也相當有限。

當時，我的首要任務是發掘兩家以上的新業者，改變壟斷的採購型態。在來到感應器組之前，我還想重新運用在顯示器組工作時所學的知識和經驗，藉以尋找新企業。為此，我先和工程組開了無數次的會議。因為技術上要求非常嚴格，所以我一邊和工程組討論，也一邊了解最應該把重點放在哪個部分。

然而，工程師們卻認為，和專案的規模相比，公司的測試條件和管理人員的能力，將成為開發新業者的絆腳石。

一般而言，如果提出一家新廠作為選項，就必須配合現有業者重新構建各種流程。為了得到相關部門的同意，我以具體數據統整出「為何要發掘新業者？」、「這樣做可以增加多少金額和額外貨量的效果？」等。

顯示器組也有類似狀況。當時，我開發的新業者所生產的零件，在工程驗證上有困難，為此工程師們需要一個為專案帶來最小風險的方案。最後，我決定不檢驗成品，而是選擇測試半成品，藉此累積數據，並取得工程師們的信任。在時間如此不足的狀態下，即使是以零件為單位來做檢測，也有八成左右的把握。

而我在感應器組時，也運用在顯示器組用過的「成品驗證計畫」，並制定出針對多個客戶的採購策略，從而得到內部的同意。當時我提議的新業者，如今已成為蘋果的正式零件供應商。

這樣的提案和執行計畫不會是上司下指令，而是由相關零件供應負責人自行提出想法並加以推動。正如我充分運用在MBA學到的知識，以及在產業現場累積的經驗，採購組的同事們也為了求取最好的結果，利用各自不同的技能，每天都抱著領導者的心態孤軍奮戰。

矽谷沒有正規徵才

矽谷的公司不會定期招募員工。因為他們認為，每位職員都是「專案成功的決定者」，所以通常會配合專案的實施時間和內容隨時聘用。另外，他們希望新職員必須從上班第一天起，就可以為該專案做出貢獻，因此會非常慎重的徵才。為了挑選出一名員工，有些公司甚至會投入超過十名的人力，並且經過數次的面試。

我為了進入特斯拉，也接受過簡報面試和一對一面試。簡報面試是在報告完三十分鐘的簡報後進行問答，而一對一面試則是與十名左右，來自不同領域的負責人對談、交流。

亞洲企業則會定期、大量聘用資歷被驗證過的各種人才，再將他們安排在各類專案中。不過，時常發生各個專案要求的條件，和個人能力無法正確匹配的狀況。當然，可透過公司的內部教育訓練提高優秀人才的潛力，卻很難縮小人們天生具備的主動意志。投入可以使自己發揮競爭力的案子，在積極工作的過程中產出的創意發想和推動力，必然也會與眾不同。

矽谷是多元人種聚集的地方，存在著東西方的文化差異。重視集體和睦的文化和以個人自律性為優先的文化，在此相互融合。而且，不一定得來公司才能做事。上班地點不設限，所以很少有人會在規定的時間內，待在辦公室裡或坐在自己位子上辦公。

其中，最大的差別是，**比起「我們」，矽谷人更偏好以「我」為主導，並且「負責任」的工作**。當然，這裡也有需要團隊合作的情況，不過大部分的專案負責人都是自己，因此必須自行制定計畫、設計實施路線圖、請求他人合作……。

在矽谷，只有明確規定一件事。那就是管理好自己要做的業務，並在期限內完成。工作時間、地點、方法等，都取決於個人選擇，在這個過程中，必須具備管理自我的能力。矽谷的企業打從一開始就會挑選擁有這種技能的人，因而沒有必要大規模的公開徵才。

02

生活不離工作，一度過勞

「凱文，電池產品反覆出現問題，若使用該產品，生產線就會停止。」

「什麼？但這是經過驗證的產品，直到上週為止還沒什麼問題。」

「不能再繼續投入了，必須先通知業者暫停生產。」

「糟糕，現在那家公司已經開啟產線了。」

二〇二〇年夏天，上海超級工廠的廠長急忙打電話給我，通話內容是關於電池產品有所缺陷。當時，由於工廠全面增加產量，所以從美國當地時間的晚上開始，我便與中國廠及供應商開會。

上海超級工廠投入的電池數量十分龐大，必須快速解決問題，並拿到新電池。

「請盡快整理好數據，我會向總公司彙報。工程組和供應鏈組先分析原因。」

「謝謝你，凱文。我也會隨時確認，盡速排除狀況！」

此後的二十四小時，我專注在處理問題上，彷彿一天當作四十八小時似的在工作，每個瞬間都繃緊了神經。這個事件在公司內部也是相當大的議題，每天晚上我都在撰寫解決方案，以及下一階段將進行什麼流程的報告書，就算到了晚上九點，依然在與高層開會，分享目前的最新進程。

在將近兩個月的時間裡，我埋首於業務中，不知不覺出現職業倦怠。我彷彿承受著公司內部的巨大壓力。身為專案負責人，我必須詳細掌握各種情況，因此需要具備高度的專注力。每當我與工程師們對話、試圖找出癥結點時，都會額外新增其他須考慮的部分。為了尋找那部分的線索，我又得找出所有可能的變數而召開無數次會議，因此，我的工作量以等比級數增加。

幸好，在那個問題得到一定程度的解決時，我申請了育嬰假，暫時中斷業務。如果當時沒有把工作和生活分離，我可能會因職業倦怠帶來的後遺症，決心離開特斯拉。

矽谷以自律為主的工作方式，縱使有很大的優點，但在連自己都未能察覺之下，因職業倦怠而自食其果的案例比比皆是。我總是想要更加努力，並自認為只要我願意，就可以做更多事，最終產生必須一直將工作做得完美無缺的壓力，也使我的生活離不開工作。

戰勝職業倦怠的獨處時間

自那之後，我訂下了一個重要原則——認知到職業倦怠，並且為了克服它，刻意擺脫職場。

我每個月會請一天假去健行。關掉手機，製造出與日常生活完全不同的環境。看著高山和大海、盡情流汗，無形中就會忘記工作，只專注在大自然中的自己。那瞬間，我的內心常常會冒出一種補充新能量的感覺（見下頁圖）。

我曾看過小說家村上春樹寫的一篇關於為何要跑步的文章，他覺得跑步只是為了保留自己的沉默和空白，這段可以欣賞周遭風景、凝視自我的時間非常重要。

如同村上春樹的跑步，我的健行也是任何東西都無法交換的寶貴時間，它給了我重新奔跑的力量。

◀ 我經常到舊金山近郊健行。暫時擺脫忙碌的工作和快速運轉的日常，也會在這裡整理好思緒並獲得靈感。

03

普通員工與優秀員工的差異

在韓國上班時，最常聽到的話語之一就是「團隊合作」。為了鞏固團隊精神，還特別舉辦團結大會及多次聚餐。在矽谷，團隊合作固然重要，不過不會是以此為主要目標，而是工作文化本身早已融入「我們是一個團隊」的意識，所以沒有必要特別強調。

在矽谷，「團隊文化」普及的原因之一就是業績報酬系統。在最能實現自由經濟原理的美國，尤其是矽谷，這種系統是企業運作和文化的重要元素。目前在韓國，賦予員工認股權（編按：stcck option，在一定時間內，以事先決定好的價格向所屬公司購買股票的權利）的制度也逐漸活躍，不過實際上，得到認股權的人並不多，因此，大部分的員工都覺得此制度與自己無關。

在我結束ＭＢＡ課程，得到蘋果的工作機會後，看著薪資項目上的數字好長一段時間，雖然無法和在韓國企業工作時所得到的薪資水準相比，但各種獎勵和福利超出了我的期待。那瞬間，我改變了「我只是個普通員工」的想法。

看著工作邀請函，我感受到「原來公司認為我的價值這麼高」，這對我來說，是一次新鮮的衝擊。不過，我並不僅僅是因身價上漲而覺得驚訝，而是因為蘋果在這份邀請函上寫道：「從現在起，我們是一個團隊。讓我們一起成長吧！」

在韓國上班時，薪水以外的津貼會根據當年度的公司業績發放獎金。大家對於可以領到高出月薪好幾倍的獎金寄予厚望。我還記得在發放獎金的月分，同事們都會聚在一起吃飯，這也是讓我們願意忍受繁重業務和加班的一大誘因。覺得力不從心的上班族，在拿到獎金之後，哪怕是暫時冒出的辭職念頭，也會瞬間消失，並找回活力，獲得可以再撐一年的力量。

矽谷大部分企業除了月薪，還會分發股份，讓所有職員成為實際股東。以新進員工為例，通常會按照領取計畫（vesting schedule）分期支付他們應得的股份。

假設約定給予價值十萬美元的股份，領取計畫為期四年，那麼每年將可以領到價值兩萬五千美元的股份。如果該名人員在兩年後辭職，也會獲得五萬美元的股份。當每月或每季看到股份入帳時，這才認知到自己真的在矽谷企業上班。

全世界投資者的資本之所以都集中在美國矽谷，是由於這些企業以創新的經濟生態為基礎不斷成長。

不僅是創業者，矽谷的員工們也可以體驗到，透過自己掙來的股份，因公司成長而價值翻倍的驚人經驗。當然，也有很多企業價值下降，甚至倒閉的案例，因此有可能無法藉由月薪以外的股份，創造新財富。然而，矽谷人不會輕易灰心喪志，因為在其他公司，也會擁有另一種機會和希望的可能性。

以股東的心態做事

「從現在起，我要提高公司的價值。」

就職之際，如果得到企業股份，便會突然產生上述想法。在各種會議和決策上，提出能節約價格的每一項創意發想，都會直接影響公司的成長和未來價值。我相信，全體員工同舟共濟，各自負責專案，並且扮演好角色，才是真正的團隊精神。這不僅是企業成長的動力，也能使每位員工有所成長，創造出新的財富。

員工們的成長，並不是只在得到的股份價值上升後，就此畫下句點。透過年度表現評鑑，根據個人對企業的貢獻，依照實力晉升，並且每年拿到額外的股份。如果帳戶裡的股票數量年年增加，公司和我就會變得更加緊密。成為企業大股東的人才，即「表現優異者」（outperformer）們互相幫助、鼓勵，為了成功而團結在一起，這正是最優秀的團隊合作誕生的瞬間。

在亞洲企業上班時，重要的是必須撐到最後。因為隨著時間流逝、資歷增加時，可以在升職之後，獲得符合年資標準的薪水和績效獎金。比別人更積極工作的同事們，甚至夢想著成為高階主管。成為管理階層後，年薪也會直線上升，同時在組織文化中感受到喜悅。當然，為了達到目的，必須在競爭中獲勝。如果帶著這種心態做事，比起為企業帶來利益，反而會優先考慮自己的地位。

在被競爭文化支配的組織內，部門和員工之間的政治問題也會變多。大家都在做表面功夫，不願推行內部不受注目的專案，團隊間的情報分享也不順利。因此，必須暫時放下不屬於自己業務領域的工作，轉而完成有明確範圍的事務。

這是我在韓國擔任商品企劃時，曾實際經歷過的事。當時的我發掘到一個新專案，於是懷著激動的心情向公司的開發者說明。然而，聽到我的提案後，他們的反應卻與我期待的截然不同：「你明知道我們現在很辛苦，怎能又帶著新案子過來？」面對他們的埋怨，意志消沉的我，失去了推動新案子的動力。

相反的，在矽谷，若有人提出新專案，許多部門都會感到好奇，並感謝該名員工為公司發掘新案子。這種文化差異，可以讓一個職員成為最強的表現優異者。換言之，矽谷的企業和其他企業在創新及成長速度上的差距，取決於員工們會做出怎樣的選擇：「是以員工的身分做事，還是以股東身分工作？」

04

蘋果和特斯拉的共通點

蘋果和特斯拉雖是不同企業，卻有很多共同點，其中最具代表性的是，內部結構就像蜘蛛網般緊密相連。大致可分為三層，第一層是「連接上下的蜘蛛網」；第二層是「小組內的微型蜘蛛網」；最後一層則是連接各部門的「企業蜘蛛網」。

在蘋果展開第一項專案後，我感受到如同蜘蛛網般的組織系統所帶來的威力。首先，上司會詢問我管理的產品，再來，高階主管也會對此提出回饋意見。當然，這種結構乍看之下可能和韓國向高層報告，並得到批准的形式類似。

但也有不同之處，那就是連接人和人之間的蜘蛛網更加緊密且為雙向。也就是說，就算我突然消失，主管也能無縫接軌做我之前正在執行的工作，抑或是即便主管辭職，我也不受影響，能繼續執行手邊的業務。因此，雙方可說是緊密相連。

• 第一層蜘蛛網——獨立貢獻者與團隊主管

到蘋果上班的第一天，我做的第一件事是領取工作用的筆記型電腦，下載各類軟體。接著，我在日曆應用程式上看到了標題為「一對一」的會議——每週約三十分鐘、和主管討論各種話題的時間。此時，也會報告如何調查產品所發生的問題及其結果為何，並討論往後的業務方向。這樣的議程將為獨立貢獻者提供各種指引。

入職幾天後，我依然無法理解「獨立貢獻者」與「團隊主管」（people manager）兩者間的意義。首先，我對這兩個名詞本身感到非常陌生，也沒有明確的資料對其加以解釋。由於太過納悶，我便問了旁邊的同事。當時，比我早三年入職的艾莉兒說的那段對話，我至今仍記憶猶新。

「艾莉兒，團隊主管的角色到底是什麼？在韓國，我們有『組長』的職銜，通常會分配任務、負責整個小組的業務成果。這裡的團隊主管也是扮演那樣的角色嗎？他們會告訴我要做什麼，以及該怎麼做嗎？」

「在這個地方，像你這樣的獨立貢獻者才是專案主角。」

「那麼，主管要做什麼工作？」

「你只要把他們當成顧問即可。主管只會針對你建立的計畫和解決方案，以獨有的經驗與其他觀點提供指引，他們不會強迫你要做什麼、該怎麼做。」

現在回想起來，矽谷的組織文化完全融入在這段對話中。這裡的企業文化可以用一句話定義：「專案的主人就是我。」

和多名獨立貢獻者一起工作的團隊主管，在各方面都扮演著重要的角色。他們懂得放眼整座森林，而非執著於一棵樹。同時，他們又可以掌握每人具備的業務能力與優缺點，所以很清楚哪幾位獨立貢獻者相互合作時，會創造出加乘效果。

在執行專案時，雖然給予獨立貢獻者相當大的自主性，但根據案子的特性或問題類型，當難以獨自解決時，團隊主管們便會利用累積多年的經驗與多元視角，提供建議與指導。偶爾案子較難推進時，主管也會和獨立貢獻者一起埋首於上頭所發生的問題。

獨立貢獻者無須承擔管理責任，只要專注在工作上即可。他們身為專案主角，是實際創造出成果的主體。在執行業務的同時，獨立貢獻者與團隊主管會利用一對一會議討論各種疑問。

首先，會掌握問題的本質，將因果關係梳理清楚後，再把至今為止發生的所有過程具體呈現出來。透過此步驟，可以一眼看出該問題對生產數量與價格結構有何影響。更重要的是，為改善問題而採取的動作，能展望現況與未來。

有了這種系統，重要程度較低的問題，可以由獨立貢獻者自己處理。至於重點問題則藉由多位直屬主管評估，選擇成功機率較高的方案解決。

• 第二層蜘蛛網——小組成員

我在蘋果負責的第一個專案是管理顯示器的特定零件。我的零件會供應給其他組員，同時，我所需的次階零件，也會由其他組員提供。結論是，我不僅成為組員們的貨源，也是他們的客戶。

那時，即將推出新產品。在制定生產計畫的同時，我先建立自己零件的每月供貨計畫。綜觀新零件的組合過程與樣品評鑑、品質結果，並加以分析後，我發現頭三個月的量產投入產出率，明顯比先前的至少低一五％。

換言之，為了滿足零件的最終生產量，必須取得更多次階零件。然而，其中的L零件在全世界的供應量有限。最終，不僅是上游零件、使用該零件的顯示器，以及蘋果產品的生產計畫等，都會因此出現差錯。

做出上述分析的隔天，我便與負責L零件的同事開會討論。聽了他的生產計畫評鑑後，正如我所想，若是依照該計畫執行，將無法達成目標貨量。當時，我迅速改變戰略，針對整個流程設計評鑑，調整L零件的規格，以此增加產量。也多虧管理高級零件的同事提供的方案，使我重新制定出策略。

像這樣，上下級零件有所關聯，會相互造成影響。還曾發生過以下事件：為了向兩家公司提供同樣零件，必須得到設計許可，不過其中一家不斷反映出現不良率。如果投入照亮螢幕的背光功能，在A公司組裝時不會出現問題，但在B公司組裝時，卻會導致零件在結合上有異，使功能無法啟動。

當時完成量產的時間有限，因此只能尋找其他方法，而非改善設計及流程。我選擇的是透過與相關團隊協調，調整最終產品在A、B公司的生產配額，也就是把技術領域的問題轉化至商業領域。

我的工作成果和洞察力，成為組織內其他同事的重要輸入，而其他員工的產出則為我的業務提供重要線索，最終使企業整體目標又向前邁進了一步。這是由於蘋果的團隊內部就像蜘蛛絲般相互連結，才能有所實現。透過組員們分享執行業務的過程中發生的錯誤及解決過程，提供彼此靈感之餘，也能自然而然熟悉公司的大方向。藉此，還可以回顧自己的工作方向是否符合企業目標。

• 第三層蜘蛛網——各部門

「目前 A 公司為了製造 Y 產品，正在使用 Z 製程，透過此製程可以降低一〇%的成本。現在你也在用這個管理產品嗎？如果沒有，或許可以試試看。」

各部門開會時，財務組組員向身為採購組長的我，提出一些莫名其妙的問題。那一刻，我腦海中浮現各種想法。首先「要學習什麼是 Z 製程」，再來「如果節省一〇%的製造成本，最終可以省下多少採購成本？」接著，我開始懷疑：「我現在管理的專案經理們，是否有好好扮演他們的角色？」

如果這種情況發生在傳統企業，或是對創新沒有太多要求的公司，情況將會有所不同。很有可能會冷嘲熱諷的說：「為什麼財務組要來關心我的業務？」或是「這和我的工作無關，不要在這裡白白浪費時間和精力。」但若以股東的心態做事，就會把焦點放在 Z 製程，欣然調查其對最終結算將產生何種影響。

那次會議後，我偕同多個供應商一起討論該製程。我們深入研究該製程是否為

A公司獨一無二的技術，以及能否在整個產業中實際使用等，透過探討技術及製程得出結論。事實上，在確認有節約價格效果的瞬間，我立刻自我反省，也認知到應該進一步提高我管理之下的製程水準。

財務組同事的提問，提升了我的工作品質，進而對整個公司產生正面影響，而我也很感謝其他部門的挑戰。矽谷企業之所以能屹立不搖，正是因那如同蜘蛛網般緊密的組織發揮了作用。

05

在這裡，你得夠瘋狂

二〇一六年夏天，是我人生中最美好的三個月。特斯拉超級工廠位於氣溫超過攝氏四十度的內華達州，我在那裡度過的 MBA 實習期間，也如同天氣般火熱、強烈。對於熟悉辦公室文化的我而言，在一個只有建築物骨架的施工現場上班，是一件非常新穎的事。我一抵達超級工廠時所受到的衝擊和驚訝，至今仍印象深刻。

正如先前提及，那個地方的一切超出我既有的觀念和預料。就算是所謂的辦公空間，也只是在噪音環繞的情況下，放置幾張簡易桌子而已，沒有幾個人會真正坐著工作。究竟這裡是辦公室，還是施工現場，真是讓人摸不著頭緒。

當時，我親眼見證興建工程進度完成了約二五%。時隔三年，我為了工作再次造訪內華達州的超級工廠，不禁大吃一驚。正如我在那裡實習時的團隊和主管們的構想，在我眼前的是一座垂直整合核心組裝流程、能夠以最快速度生產出大量電池組件的工廠。

「哇！真的做到了。」我下意識自言自語道。我第一次在這裡——特斯拉超級工廠——體會到我從小學會的道理：「化不可能為可能。」

大部分的人或企業會選擇與特斯拉相反的方式。舉例來說，假設現在要建造一座相同的超級工廠。針對每個流程的前置時間（編按：lead time，所需時間）和執行金額等結果，預測總共要花費多少時間和資金。

在每個流程中，專家為了提高完成度，會採取保守作為；團隊之間，比起朝向一個任務前進，更有可能是單打獨鬥。直到超級工廠完工將會花上好幾倍的時間和資金，甚至「胎死腹中」。

然而，特斯拉正在嘗試另外一種方法。他們不用現有案例或是使用過的方案制定計畫。為了必須實現的目標，他們尋求完全不同的方式和態度。

矽谷企業的徵才條件中，最普遍的要求是具備「適應快速運轉的環境」、「單憑不完善的情報，就能做出決策的能力」。在雜亂無章的環境下，每個人必須在短時間內處理每天發生的新問題。

如果不這麼做，不僅會錯過每天的趨勢變化，導致有創意的產品被拖延，而且還有可能會在和那些如雨後春筍般冒出、以創新為首的其他企業競爭中處於劣勢。因為在矽谷，時間就是金錢。

唯有瘋狂才能超乎常人

要想表現出驚人的執行力，首先需要「瘋狂的想法」。在解決問題或研發時，如果將現有產業領域的臨界點視作理所當然，並採取沿用至今的傳統方式，絕對找不到改善之處，也無法快速實施。為了完全顛覆，即使身邊的人嘲笑、勸阻，我也只考慮實際利益，或是藉由第一性原理提出想法。這是物理學中使用的方法論，其重點在於不提前假設或提案，而是以根本原理導出結論。

「我認為，物理學的框架是非常好的思考方法。我指的是像第一性原理這樣的模式，與其透過類推，不如將某些問題壓縮到基本真相上，然後重新思索。」

馬斯克強調的第一性原理，就是特斯拉的力量。不依靠直覺或類推，而是完全接近本質，藉由「原理」掌握問題癥結，並得出改善方案。

超級工廠正是融入了這種哲學，而特斯拉的任務旨在幫助世界加速進入環保能源時代。為了實現這個目標，與其等待目前的能源業界變得環保，不如親自挽起袖子，建立垂直整合電池及產品組裝工程的超級工廠，以期降低價格並提高普及率。考慮到大規模資金、政府政策的不確定性，以及這是沒人嘗試過的方法等，任何人都無法輕易付諸實行。雖然可以研究，不過施行起來卻很困難。

然而，在矽谷，聚集了一群被這種瘋狂想法吸引、迫切想要把沒人做得到的事付諸實踐的人們。所有成員每天都在做荒唐的事，當遇到障礙時，他們會互相幫助、快速解決問題。

實際上，在超級工廠設計組工作時，最令我感到驚訝的是設定目標。設計組為了讓超級工廠擁有生產力，一邊建構基礎設施，一邊提出使各個製程得以在時間內完成的方法。也就是說，要與各項製程的專家協商，找出能盡快完成工廠的計畫。

這些專家雖然是成功完成眾多專案、擁有驚人經驗的老手，但為了快點建造超級工廠、達成最低運作費用的目標，他們並沒有考慮現有的前置時間和金錢，而是先從詳細掌握內華達超級工廠的優缺點開始，傾注所有能力和時間，尋找以最快、最便宜的方式完成各項製程，且加以整合的靈感。

例如，不是在製程完成後才訂購設備，而是在接受驗證期間，就先讓設備進入工廠，如此一來，生產日期便能提前。不過，萬一特定製程的設計或工藝有狀況，所有一切都必須重新設計，可能會在金錢和時間上蒙受巨大損失。

對於未參與這件事的人而言，這是一個「瘋狂的想法」。當然，這樣的失誤完全有可能會發生。好在已提早預料到，即使中途變更設計和工程，組內的任何人也不會互相指責。與其花時間責備，不如提出新想法，重新改變時間表和執行辦法，藉此守護住目標時程及費用。這種瘋狂的想法與令人恐懼的投入，是打造超級工廠的祕訣。

建立任務處理流程，不成功不停手

當初，在韓國企業工作時，最令我覺得鬱悶的是達成目標的執行方法。商品企劃組織為了開拓市場，必須掌握所需為何，同時站在顧客的立場設計出產品發展藍圖。進行產品企劃時，也常和工程及研究所一起合作，若要提高產品競爭力，得協助多個專家及部門達成協議，並進一步行動。

然而，相關部門的回答總是始終如一。「因為要驗證這些，所以無法在某個時間點前執行！」、「我們沒有過這樣的設計，可能辦不到。」、「之前沒做過這類型的報價，因此無法預估價格，只能稍微整理現有的數據給你參考。」各個部門非常迅速且有創意的提出他們辦不到的理由。

在研發新產品時，大部分的業者也總是抱怨速度過快，或是因想不出解決方法，反倒要求我告訴他們該怎麼辦。

身為採購，在與合作業者討論價格時，我發現他們大都不會使用第一性原理，而是以現有產品的報價數據為主，依據特定製程在整體產品的占比，推測出可能的價格落點。如果用這種方式處理問題，絕不可能出現劃時代且可行的降價方案。

在矽谷工作時，我沒有感受過這股鬱悶，最重要的原因是所有成員都覺得「一定要做到」，這就是引領全世界產品的原動力。因此，有少數的矽谷公司不僅研發創新產品，同時還管理全世界眾多企業，尤其是供應商。難道他們真的比特定產品的專門企業，如半導體、電池、顯示器公司等，擁有更廣泛的知識和經驗嗎？其實並非如此。不是因為它們位於矽谷，所以才更了解專業化產品，或是具有製造經驗，這些企業之中，有一部分甚至沒有自己的工廠。

那麼，這些公司能在各產業中占據全球領先地位的原因為何？那就是「瘋狂想法」。即使中途失敗，但矽谷人具有能克服且變得更強的領導力，是一股不會輕易被任何人奪走的強大競爭力。今天，他們也像船員駕駛船隻，航行在波濤洶湧的大海上一般，以高度專注力遙望各家企業的使命，心無旁騖的解決問題。

06

「為什麼」的力量

「閉嘴，照我說的去做！」

這是學生時代經常會聽到的話。不要在課堂上問莫名其妙的問題，或是產生與別人不同的想法，只要依照老師教的內容寫筆記、背起來，就可以在考試中得高分，甚至考上好大學。職場社會也是如此，比起過程的「該做什麼？」、「這個提案有什麼錯誤之處？」等，專注於結果，才能獲得認可。

後來，我來到美國上ＭＢＡ課程，本來打算一邊聽知名教授的講座，一邊學習核心理論、積累知識，但實際授課氛圍卻與我想像的完全不同。因為學生們會不斷提問，課程進度一直被打斷，讓我無法投入其中。

事實上，在ＭＢＡ的課堂上，很多教授解釋理論的時間根本不到總授課時數的一〇%。有時，一堂課會在學生們的爭論之下，轉眼間就結束了。在美國，教授不是知識傳達者。他們更像是引導學生提問，以及回答不脫離課程主題的助教。

在就讀MBA期間，我逐漸學會問「為什麼」。工作時，如果把注意力放在這之上，便能以多種觀點思考新事物。像是「為什麼會出現這種產品設計？」、「為什麼該產品的性能無法超越過去的局限？」、「為什麼當時沒想到這個？」等，比起結果，對過程提出疑問，更可以提供創意性的線索。

矽谷也延續美國教育文化中的哲學。為了研發新產品和服務，不斷提出「為什麼模擬結果與實際測試結果不同？」、「為什麼過去未曾實現？」等，以此為焦點的問題。不習慣追根究柢的人，如果遇到有人以這種方式問問題，可能會覺得對方很固執。不過，這種思考辦法將會幫助矽谷革新。

最重要的是，如果用「為什麼」發問，可加深對主題的理解。來到矽谷前，我曾擔任商品企劃人員，為了介紹企業的最新產品，並找出應該研發什麼東西的答案，與全世界許多汽車公司的採購負責人打過照面。

然而，在宏觀層面上，他們雖然知道所需費用及性能，卻沒有點出今後該生產何種產品等具商業觀點的意見。深入了解產品細節與技術方面的努力似乎不太足夠，提問也僅限於掌握時間或用語的定義。

「為什麼這項技術會被研發出來？為什麼未來的汽車發展藍圖會是這樣？」他們缺少了以「為什麼」為重點的思考。

在這種情況下，身為商品企劃人員，很難掌握顧客的需求，而當時我也沒有機會站在新視角回顧公司的技術，只是扮演介紹的角色。如此一來，不僅缺乏具建設性及實質利益的回饋，公司每年的開發方向也沒有太大改變。

另外，其他汽車公司的電動車專案也了無新意。現在回想起來，大部分從事該產業的利害關係人都不曾使用「為什麼」，導致整體電池及電動車領域沒有大幅進步，經歷了幾年的停滯期。

反之，在矽谷從事採購業務時，最令人驚訝的是，採購負責人竟比供應商更了解該領域。因為他們以「為什麼」為首提出問題，並與各種供應商討論，進而掌握、學習產業本身的啟示。在此過程中，他們對產品的了解度變得豐富，甚至達到可以領導專案及產品研發方向的境界，而這正是失敗也沒關係的原因。

在某次開發新一代產品時，由於安全性驗證失敗，最後決定中斷專案。當時，調整產品厚度、改變原料配方……在嘗試各種設計變更後，再次挑戰了安全性測試。然而，卡在某個環節一直無法通過，而且尚有其他備案，最終只能喊卡。我想，負責的工程師一定很沮喪，我也試圖安慰他。

「克里斯，不要太失望。有時就算竭盡全力，最後還是會失敗。」

「凱文，謝謝你。一直以來，我無數次提出的各種設計要求，採購部門和供應商都與我一起好好面對了……但這次我想改變厚度。正好有一個在其他專案上、無論如何都解決不了的設計問題，用這個方法不知道是否可行？」

「啊，對耶！仔細想想，這種厚度的設計應該可以適用！」

想要消除因專案失敗而產生的失望和空虛，最好的不是安慰。把源於失敗的經驗和教訓，當成「前進兩步」的基礎，其反轉將令人驚豔。擁有成長型思維的人所呈現的態度，對於習慣將失敗當成傷痛和挫折的我來說是一大衝擊

如果用一般的提問方法接近問題，雖然可以拓寬產品和產業的背景知識，不過，在理解其本質的過程中，卻無法創新思考。即使從某人口中得到「應該開發什麼？」的答案，也僅僅只是皮毛。研發時，偶爾會需要將產品變形，此時就得自行

找出答案。如果繼續等待別人給予正確答案，專案將無法按時完成。

在矽谷，「已經沒時間了，就直接告訴我吧！」的態度行不通。每個人都必須擁有獨立思考的能力，以便解決問題。之所以能做到這一點，我認為，並不是「不懂裝懂」，而是正確理解問題的本質。

一切源於「為什麼」

在某次前往歐洲參觀博物館時，導遊在觀賞人數較少的畫作前，提出一個有趣的實驗——讓團中的四個人站在特定畫作前用心欣賞，接下來會發生什麼事？不到一分鐘，人們紛紛停下腳步，認真端詳那幅畫。後來，居然有二十多人蜂擁而至。所謂的「主流思想謬論」（編按：bandwagon fallacy，以很多人支持為由，得出某個命題為真的結論），就這樣實際發生在我眼前。工作時，我也經常掉入這類陷阱。為了擺脫此局面，我必須以「為什麼」提問。

矽谷之所以能推出先前不曾出現的產品，並經常創造出新穎、有創意的點子，或許也是因為「為什麼」的力量。從前，蘋果在構想 iPhone 手機時，開發者可能就是從下列問題開始發想。例如，「為什麼現在手機的鍵盤和畫面是分開的？」、「為什麼手機長得這麼複雜？」等，而這些基本問題卻為整個智慧型手機產業帶來驚人的革新。

反應速度快的觸控式螢幕技術，也是源於「為什麼」。如果沒有提問，只是按照現有的研發方式來設計，說不定我們就無法像現在這樣，只要用手指輕輕觸碰畫面，便能使用手機了。

特斯拉在開發電動車時也是如此。「為什麼現有的電動車速度就像高爾夫球車一樣慢，而且外形也不帥氣？」、「既然是電動車，為什麼搭載了很多現有內燃車的零件？」、「為什麼電動車不能使用乾電池等型態的電池？」、「為什麼車內會有這麼多按鈕？」等，正是因為有這些問題，才能讓我們拋棄既有事物，根據需求重新設計和研發。

追隨習慣和主流是人類固有的傾向，若未能意識到這一點，而只是刻意改變，將很難期待新的改革。為此，要先提出有意義的問題。只有這樣，才能不模仿過去的通用方法，創造出新的產品和服務。

07

裁員是家常便飯

韓國的特有情緒之一就是「情」。同時期進公司就職的同事，或是因學緣、地緣而交織在一起的前後輩，皆會有著與眾不同的情感。除了自己常說「請多多關照」，也經常聽別人這麼說。偶爾還會為了不想辜負與對方的關係，假裝去做那些沒有效率的事，成果可想而知。但在矽谷，人情絲毫沒有插足的餘地。以自己被明確定義的角色為基礎，專注於獲得最佳工作成果。

「克里斯，因為這是新的設計，產品價格可能會上漲一〇%。如果想維持目前的定價，需要考慮其他方案，你覺得這樣可行嗎？」

「凱文，為了提高產品性能，必須增加額外製程。你能確認一下這麼做將會對生產目標有何種影響嗎？」

完全排除同事之間的情誼，目的是為了得到正確資訊。雖然我偶爾也會懷念起「情」，不過，當我體驗到數百種創意和無窮無盡的可能性後，這種對話反而讓人感到更加愉快。

東西方文化差異，會對商業和組織造成什麼影響？我認為，這會對公司間的關係、內部事業、企業組織文化等，產生莫大的影響。

首先，從關係來看，亞洲企業依然存在「人情文化」。重視人際關係，對彼此很感興趣，長久以往，就會拉幫結派，有時為了達成商業目的，還會請客或提供招待，確實有創造連結的效果。即便無法立刻分析利益，甚至無法帶來實際效益，也希望能成為「好夥伴」，努力維持有福同享，有難同當的友情。

反之，西方企業把商業目的放在首位，不會把精力傾注在人際關係上。即使互為競爭對手，但只要是涉及利益的專案，雙方就會成為合作伙伴。美國的傳統汽車公司——通用和福特，為了使用特斯拉的超級充電站（Super charger）網絡，不約而同表示，他們會把電動車充電規格改成與特斯拉同款，以此表達身為合作夥伴的誠意。簡言之，既沒有「背叛者」，也無「永遠的敵人」。

在日常中，西方企業為了發展商業關係，也會聚餐和人際交流。然而，無論當下的溝通有多順利，隔天都會徹底回到講求實際利益的決策模式。例如，我從沒見過「念在過去的關係，這次就當成是被騙，幫他們一把」的決定或交易。

再來，比起個人能力，亞洲企業更優先以年齡和地位等論資排輩。即使某成員貢獻度高、較早取得商業成果，然而礙於團隊內有其他年資更高的成員，在評鑑和升職上往往會處於劣勢，升職的常是年資較高的那個人。所以，人們經常互相說：「對不起，我先升官了。」雖然這是為了讓組織和諧而形成的慣例，但如果反覆發生，有能力的員工必然會失去熱情。

不過，在矽谷，重點不在於年資，完全是以實力來評鑑員工們的成果。明確的角色分配，就是其客觀評鑑標準，且不會因個人表現顯眼，而忽視團隊間的合作。相反的，利用自身角色和工作成果來幫助其他團隊的職員們，最終會獲得成功。

最後，從東西方的組織文化差異來看，比起競爭，東方企業確實更重視內部和諧，各個部門為了維持融洽，付出了很多努力。

「好上加好」的文化很普遍，而這也與企業的控管結構有密切關係。仔細觀察就會發現，在為數不多的控股公司底下，還有很多以金字塔形式層層排列的子公司。這些企業的關係就像兄弟姊妹一樣，不是把工作集中於一處，就是常給彼此行個方便。如此一來，藉由競爭推行改革的機會只會隨之減少。

好同事文化有時會阻礙創新

矽谷不存在如同八爪章魚般的家族企業，即便有也很難生存下去。比起像財閥那樣，投入鉅額資本進行商業活動，提出符合趨勢的新穎想法，並迅速付諸施行的新創公司更具競爭力。

在矽谷，唯有建立明確的使命和清楚的商業計畫，以此研發出個性鮮明的產品和服務，才能取得成功。因此，沒有理由和姊妹公司一起合作，設計出商業藍圖。

當然，人情文化和功利主義各有優缺點。在重視關係導向的商業文化下做事的員工們，多少會覺得自在、方便。尤其是在家族企業工作的人，建立新計畫時，可以得到很多幫助。同時，多虧了值得依靠的同事和小組，讓人產生心理歸屬感。

不過，如果將業務重點放在經營人際關係上，商業目的就會變得模糊，最後容易在市場上失去競爭力。在管理供應鏈的同時，我也曾看過很多公司為了和特定企業維持某種關係，因而錯失商機。

例如，A企業在製造產品時，採用B姊妹公司的特定零件。B公司的零件要價不斐，但品質卻明顯低於其他競爭對手，不具產品競爭力。我推測B公司應該是從A企業移轉資本和技術，但它的零件品質到底為何會如此，實在令人費解。

後來，我偶然與B公司的員工在會議室外聊天，解開了長久以來的疑惑。「不管是粥還是飯，反正A企業都會買帳。呵呵呵！」最後，B公司的產品競爭力阻礙了A企業的發展，導致把擴大業務範圍的機會拱手讓給競爭對手。而他們是否真的有意識到問題所在，至今仍是個謎。

如果把關係當作工作重心，不只是商機，新產品和服務的上市及改革皆會受到負面影響。變革的首要任務是解除所有限制，在一片空白的狀態下提出創意，但如果從一開始就出現各種局限，絕不可能出現新的東西。反之，如果是功利主義，便無須被這些限制給束縛，也會有無窮無盡的可能性。

當然，員工們的工作量也可能因此增加，容易感受到肉體及精神上的疲憊。**在矽谷，解僱員工是稀鬆平常的事。一旦企業認為該職員不再具備競爭力，或對達成商業目標沒有幫助，就會立即請他離開。**這種做法雖然會衍生出問題，但不可否認的是，矽谷企業之所以能不斷創造新事物，就是來自於這種人事制度。

08

數據即武器

在無人駕駛的研發過程中，特斯拉完全以數據為基礎做決策。為了實現完全自動駕駛（編按：Full Self-Driving，簡稱ＦＳＤ）的目標，在開發初期，除了相機之外，還使用雷達（Radar）等額外的感應器，以便即時蒐集道路資訊。

幾年後，特斯拉以蒐羅行駛於道路上的數百萬輛汽車數據為首，有別於整體電動車產業，確立獨立的完全自動駕駛研發方向。在二〇一九年的ＡＩ日上，馬斯克表示：「光學雷達（LiDAR）是只有傻瓜才會用的高價裝備，依賴這個的公司都會倒閉。」

當時，從事相關領域的人員（尤其是感應器研發者及公司）一致譴責馬斯克的發言。他們認為，這是「操之過急的結論」。我看著當天的活動，也思考了很多。

最重要的是，基於對數據的自信所做出的決定，改變了產品和商業的未來，這不禁讓我感到一陣戰慄。

只用有用的資訊

特斯拉的決策原則之一是「**只採用有用的資訊**」。無用的訊息只會增加混亂、降低執行力。完全以數據來做決策，在公司內部獲得推進力。成員們就像比一百公尺賽跑的運動員，頭也不回的朝向新定義的目標前進。

實際上，在AI日之後，特斯拉甚至拆除了所有汽車的基本配備——超音速感應器（編按：ultrasonic sensor，用於近距離的感應器，主要功能為便於停車），才又繼續生產車輛。

從研發新產品及服務，再到日常業務，特斯拉的所有決策都是基於數據。這不僅是特斯拉的原則，在矽谷工作期間，無論是實務人員還是管理階層，我從未在任何決策場合見過，不靠數據提出主張的。

體現此點的另一案例是，特斯拉汽車駕駛座和副駕駛座上支撐腰部的「腰墊」

（Lumber Support）。為了實現這個功能，需要使用馬達和半導體晶片等零件。然而，在疫情期間，由於供應出狀況，所有汽車公司在取得半導體晶片上遭遇困難。當時，特斯拉為了解決此問題，調閱副駕駛座上使用腰墊調節按鈕的紀錄，結果發現，坐在那個位子上的人幾乎不去使用。

一般而言，坐在副駕駛座上的人只會調整座位的前後位置，並不會動到腰墊，最終以此作為依據，果斷刪除該功能。

在特斯拉下達這項決定後，消費者和競爭對手紛紛表示譴責或抱怨。不過，在公開實際使用頻率下降的數據後，不滿的情緒過幾天便平息了。

蘋果、特斯拉創新的祕訣——定量

假設在一場新產品上市的會議上，行銷組發表了以下言論：「其他競爭對手正在加快推出實現 A 功能的產品。我們的新產品也要包含此功能。如果不這麼做，品牌價值就會降低。」而這樣的發言不僅激發了在座同事們的競爭心理，更讓大家覺得不安。

之後，行銷組在幾次會議上，針對新功能的商業潛力發表了華麗的報告。最後，高層們達成協議：「去年推出新產品時，行銷組也提出了優秀的見解，今年也相信他們。」專案人員沒有發問機會，也無法做額外討論，只能按照高層決斷，立即著手研發。

不過，在相同的情況下，矽谷企業的實務工作者和主管們最先看到的是數字。隨著增添新功能，在利用預測模型分析過新產品的銷量後，會計算營業利潤。有時，甚至還會計算機會成本，如果投資成本低於機會成本就會付諸實行，反之則放棄。這方法看似簡單，但從邏輯上思考才是最有效的決策過程。

縱使定量方法無法適用於所有決策過程，卻常比定性方法具有更好結果。重視獨立分析問題、提出站得住腳的數據，而非小道消息或「以直覺為根據」的決策，這是在急劇變化的經營環境下，蘋果和特斯拉能不斷創新的祕訣。這些全球科技大廠創造的經濟規模，能媲美特定國家的整體GDP也在於此。

他們擁有很多可讀取、分析的大數據深度學習、AI等軟體人力，並以此形成商業生態系統。若在尚未建立這種生態系統的環境中工作，我建議應該練習自我定量思考。習慣之後就要多去尋找數據，養成思考的習慣。

不為報告而報告

「要在這裡再待幾年才行。」

上述這句話是亞洲企業高層們在開玩笑時，經常說的話。由於必須定期與公司簽訂聘僱契約，被高強度壓力和各種限制困擾，因而衍生出「臨時員工」的說法。再加上，社會氛圍特別在意地位和名譽，所以在成為高階主管後，就會想要長期堅守這個位置。

以高階主管為中心建立的組織，就像是軍隊般的上下級體系。員工們就像步兵一樣，聽從領導者的指示行動，為了執行上司決定的議程努力上班。也就是說，根據主管的決策方向，員工的業務和工作方式將會有所不同，其成果也會全部反映出公司的命運。當然，也有因領導者的正確判斷，使企業長期扶搖直上，不過，大都只是急於取得短暫成效的策略。

高階主管是在一個組織中戰勝激烈競爭並得到認可的人，因此其商務洞察力，以及解決問題和決策的能力都相當出眾。儘管做著多數人都不看好的事，卻依舊堅持不懈的推進，而這也將成為一種戰略投資，並在十年後被評為「神來之筆」。反之，也有因錯誤決定改變公司命運的案例，這是由於他們堅持短期策略和組織結構。之所以將某些高階主管稱為「臨時員工」，除了指無法得到僱用保障之外，再來指的就是他們所提出的策略方向常為短時效的緣故。

在矽谷工作時，我曾多次收到來自亞洲企業的提案。從內容來看，大致能得知為了配合高階主管的議程，而煩惱該如何做出內部報告的痕跡。然而，站在商業的觀點而論，幾乎都是短期策略。

看了矽谷公司的內部會議紀錄或提案，就能一眼掌握這家企業想要解決什麼。大部分的提案，既不是高階主管們會喜歡的故事、或是符合既定議程的內容，而是以事實和執行力為主。至於公司內部提案種類，從解決工程及操作問題，到長期商業交易等，涉及多種主題。其核心架構如下：

整理問題狀況（Problem statement with quantifiable impact to company）→掌握根本原因（Root cause analysis）→根據採取的措施及其衍生結果而得到的啟示（Actions taken & Takeaways）→下個階段（Next steps）。

也就是說，應該要先了解發生了什麼問題。因此，需要描述產品對公司產生何種影響，並進一步分析、說明原因（如果尚未查明，則闡述要如何分析）。然後，提出為了解決該問題，正在考慮什麼樣的方案，以及如果目前已有什麼想法和實際應用辦法，則可舉出相關有用的數據。最後，分享在未來哪個時間點，將採取哪些行動的具體計畫，就像電視劇預告片一樣，告知提案方向。

專注問題本身

以先前提到的上海超級工廠製造問題為例，不知從何時起，工廠開始無法組裝產品。只要一天不解決，就會造成相對應的商業損失。因此，必須盡快摸清問題的本質，無論是改變產品設計，還是更換組裝設備，都得讓產品再次成功組裝。

當時，高階主管們也認為情況嚴重，正在詳細檢查，業務負責人每天必須每隔十五分鐘更新一次最新進度，而這個問題需要採購和工程等所有參與生產的團隊共同解決。如果發生上述狀況，公司能採用的解決方法大致有下列兩種：

第一，檢討哪個部門出問題後，進一步思考哪些地方做錯、需要改善什麼，同時站在長遠的角度探討改進之處。

第二，不聚焦於部門，而是問題本身。將可能發生的原因與多個部門一起進行腦力激盪，並把焦點放在互相配合、採取行動，以此解決問題。

當然，由於每個公司的企業文化各不相同，很難將其普及，不過，就我的經驗而論，亞洲企業大都會選第一種方法，而矽谷企業則偏好第二種。雖然各有優缺點，但第二種方法的最大特點是，團隊間無須政治角力，因為各部門都有各自的解決方式，所以不必編造讓對方聽起來順耳的故事。

讓我們再回到品質問題的案例。當時，身為採購負責人的我，正專注於解決問題的過程和行動。我先是確定了幾個核心事項，並定期更新與此相關的數據。我觀察了供應商正在製作何種設計樣本，以及若變更設備和原料，交貨時間會出現哪些改變。此外，我也更新了新流程所帶來的貨量及產品價格結構變化等。

設備採購部門也參與了此項專案。他們提出「隨著設備的變更，產品不良率會發生何種變化，以及生產目標是否存在問題」等的專業見解。

工程組將重點放在樣品結果分析，模擬變更後呈現的產品性能，並以定性、定量分析了前後差異。當我看到工程師更新的數據時，我得知他們對新發現非常感興趣，也在解決問題的過程中，獲得相當大的成就感。不僅如此，他們分享幾個樣品的主要變化細節及測試方案，同時向有經驗的主管尋求意見回饋。

生產組則是將樣品投入到實際產線，還告知了可組裝性。製造業的特性是，設計產品時沒能想到的各種問題，經常出現在量產過程中。因此，生產團隊透過結構化，歸納出可能的原因與結果。接著，工程及採購團隊將根據得到的回饋，修訂下回的樣品設計方向及量產計畫。最後，雖然每個部門的更新細節和專業領域都不一樣，但大家想做的只有一件事——解決品質問題，實現企業生產目標。

從問題發生到解決，整整兩個月，我的身心靈感到非常疲憊。不過，我也從未曾像當時那樣如此專心工作過。那是一場與自我的戰鬥，也是實際感受到什麼是團隊合作的瞬間。

所有成員都專注在解決問題上，且即時相互幫助。考慮到亞洲地區的時差，而選擇在美國時間每天晚上九點彙報等，這些細節都讓我對各部門的專業意識，以及「終究要辦到的精神」讚嘆不已。

假設將焦點集中在「是哪個部門造成的」，然後每天晚上九點的會議就會演變成部門間互相究責，導致自尊心受到傷害，甚至有人必須出面認錯。

為了證明這不是某部門的責任，還有可能會有各種隱瞞。比起整體脈絡，會巧妙包裝對各組有利的部分，用盡全力擺脫指責。更進一步來說，部門之間將劃清界線，把問題歸咎於其他人。最終，高階主管或決策者很難提出解決問題的洞察力，而每晚九點的報告時間，很有可能淪為「怪罪」的場合。

不為主管工作

我在蘋果和特斯拉上班時，從未見過只向上級傳達好消息，或是缺乏數據佐證、只以口頭形式報告的員工。如果有，他就會像白紙上的黑點一樣，成為異質性高的存在。因為在矽谷，核心情報和主張並非來自高階主管，而是各領域專家。上級或高階主管無法樹立屬於他們的短期議程，而公司的決策是根據專家和團隊協議來執行，因此，不會有人替上級主管工作。

例如，在做專案時，會提及負責人的名字，以尊重他們的專業性，並賦予相關業務權限。再者，專案不是由上而下，而是以數據為依據推行。主管會給予該員工回饋並指導其可行性，但不會草率決定執行方向或下結論，也不會捏造數據和故事，以此證明主張的合理性。

最重要的是，大家都把自己當成公司的主人。不只是工作方式，辦公室的空間設計也能感受到這種哲學。大部分的矽谷企業不會為高階主管設立單獨辦公室，而是採用讓所有員工待在相同地方做事的開放式辦公桌。這是蘊含「眾人皆平等」的空間設計。另外，上級不只是做決策的人，還必須親自設計產品或寫程式。在生產現場，也常見到為了解決問題而奔波的主管們。

熟悉亞洲式高階主管生活的人，如果到矽谷工作會怎麼樣？也許他們會制定出有關部門的議程，並命令成員們應該做些什麼來實現目標。這樣一來，不僅要做的工作變多，組織也會變得非常忙碌。然而，所有人是否能為了達成整體目標而努力，並成為彼此之間的夥伴，我必須就此打上一個大問號。

09

不為競爭而競爭

從二〇一五年起在美國生活，一直到定居矽谷，我經歷了巨大的文化差異和價值觀衝突。從上班第一天踏進辦公室的瞬間，一切都變得不一樣。在我的想像中，矽谷的辦公場景似乎是白人和少數黑人一起坐在桌前喝咖啡，一邊開玩笑，一邊開會的樣子。不過實際上，亞洲人的比例比我想像的還要高很多。另外，別說是坐在辦公桌前，很多人乾脆站著工作。

對於習慣在固定位置上辦公的我來說，眼前的一切都相當陌生。這些人的個人特質和專業性非常明確，他們不會稱呼對方為「〇〇組長」，都是直接叫名字。

美國社會的最大特色是多元性。在企業內部，擁有不同背景的人，也會用各自的專業取得驚人的結果。具備不同背景的人才會被放到公司裡極具戰略性的部門，但有時難免會讓人產生「他能否勝任這份工作」的疑問。

和我一起執行專案的賈斯汀，曾是一名職業軍人。因為他的背景與我們當時要負責的工作相去甚遠，所以一剛開始我對他抱有成見。

然而，實際和他共事後才發現，每當和高階主管一起召開大型會議時，他都會利用卓越的技能，展現出與眾不同的問題解決能力。他以自己習以為常的軍人精神及戰鬥態度，做到了近乎不可能完成的事。

開會時，他會將提案整理得乾淨俐落，同時引導高階主管的意見，進而使工作順利進行。當我面對模稜兩可的抉擇時，也會和賈斯汀一起找出解決方案，並成功完成任務。

對於從小接受韓國式教育、長期在韓國企業工作，以及一直抱持著「應該領先他人」的思維走到今天的我，到了矽谷後在各方面的觀念都煥然一新，這對只能在比較和競爭格局中戰勝某人的我而言，無疑是一種文化衝擊。

學生時代為了「多得一分而孤軍奮戰」、「只有第一名才有意義」等觀念，在出社會後，也沒有出現什麼太大改變，不是執著於制定好的業務手冊，就是彙報指定的內容。在比其他組員得到更好的人事考核或被主管稱讚時，便感覺到職場生活的意義。然而，到矽谷上班後，我對工作和競爭產生了新的觀點。

這裡的創新文化，與美國這個移民國家的歷史也有著密切關聯。近代美國文明始於十七世紀，英國人搭乘小船橫越大西洋。在過去，歐洲的特定國家也像韓國一樣，為了抓住有限資源，展開激烈競爭。

歐洲人站在抉擇的十字路口，是要在激烈的鬥爭中生存下來，實現物質上的富饒或個人目標，還是要去沒有任何關聯、隱藏危險的未知土地——美洲，過著開拓者的生活？其中，選擇後者的人，創造今日的美國文明。在遼闊的土地上，有很多事情要做，不僅是農業，製造業和服務業也出現新的產業群，機會無限增加。

矽谷就是在不惜前往西部淘金的開拓者手上誕生的，它之所以能成為每天都有新點子和新產品的尖端產業地，絕非偶然。

集體思考的錯覺

在特斯拉擔任採購時，我扮演專案主管的角色，與工程組、財務組、品管組等部門合作。雖然每個團隊的專業度和想要達成的目標各不相同，但我們的共通點最終都是為了完成公司的任務。

採購負責人應以最低價格從供應商手上取得新研發的電池，進而達成企業的車輛生產目標；工程組主導設計及驗證，讓新產品能按照壽命、容量、快速充電、功率等規格來設計；財務組必須隨時檢視該產品的價格，是否達到公司成長及現金流的目標值；品管組應向工程組反映火災等敏感問題發生的可能性，以期改善顧客經驗，並提高對特斯拉的喜愛程度。

當然，部門之間也存在矛盾，不過，矽谷的組織文化使所有部門可以毫無顧忌的提出意見，或是進行有意義的對話。部門間不會為了競爭而競爭，成員們也有各自需要解決的問題，會完全專注於自己的任務上。

就讀 MBA 時，我曾修習過政治學課程「集體思考」（group think），是指同屬一個團體的人們，會討論特定事件，並將矛盾最小化。在這種情況下，根據誰掌握對話主導權，意見方向很有可能會有所集中，或是比起創意發想，更傾向沿襲現有的傳統觀念。

但以多元人種和背景組成的矽谷企業，更容易擺脫集體思考的陷阱，以意想不到的新點子，研發出改變遊戲規則者（game changer）的產品和服務。即使在商業上出現各種問題，個人也會以不同視角接近，並且在短時間內解決。

反之，在韓國，成功從激烈的學業競爭中生存下來後，大都選擇進入大企業。然而，究竟有多少人是在看到該公司的任務後，才下定決心投履歷的？縱使每天都在工作，但與其說是為了任務而奔走，倒不如說是為了解決團隊之間的爭論和政治角力花費精力。

在矽谷待久了，我時常思考亞洲社會和企業的結構性問題。現在，亞洲企業不應再是產業的追隨者，而是要成為先驅。因此，趁來得及之前，我希望能全面改變教育方式及徵才等企業文化，進而培養擁有領導能力的企業和學界領袖。雖然這可能是我個人操之過急的判斷，但若現在不改，將無法擺脫以製造業為基礎的產業。

亞洲企業不像矽谷擁有豐富的資源、持續移入的移民者、多元的想法和文化、世界級的獎勵體系等，如果能引進矽谷的優秀案例，並發揮符合各國實際的應用能力，我相信，一定可以創造出企業的新環境。

10
這裡不提供僱傭保障

出差到韓國並與當地負責人交談時，我經常聽到：「我們組裡也有ＭＢＡ畢業的同事。」這時，我總會有種歸屬感。此外，通常在這裡彼此談話的主題時常不是公司的任務或商業模式，而是職員與高階主管們的背景。

企業的成長是取決於某位員工的能力，還是取決於商業模式及組織文化？當然，兩者都是企業發展的重要生產要素。

但在韓國，特別重視前者，相信只要挖角在特定公司擔任過重要角色的人才，就能利用他的經驗擴大商業版圖。反之，矽谷企業在做生意之初，就會設立明確的任務導向，以及每個人在實現目標時，應該扮演什麼樣的角色，而這也是為何他們會徹底堅持以需求徵才的主因。

沒有什麼是永恆不變

為了理解矽谷的企業，首先必須掌握個人和公司的關係，而這兩者不是所謂的「甲方」和「乙方」，即我是依據與企業的約定來執行明確的業務，並獲得其成果，而公司也會提供我薪資、經驗和職涯等。換言之，並非是「企業擁有我」。每個人都希望在工作時，可以有所學習、成長，但公司只期待賦予個人特定的商業目標，並希望他們成功取得成果。

他們所說的平等關係，還包括「世上沒有什麼是永恆不變」的事實。矽谷企業給即將入職員工的錄取通知信中，也有這樣一句話：「**公司僱用你，是沒有期限的自由僱傭關係。**」

同時，還說道：「無論出於何種理由、不管是否經過公告，你都可以隨時離開，企業也能在沒有提供任何條件，且不經公告的情況下，結束與員工的關係。」

也就是說，職員可能會突然被炒魷魚，而公司同樣也會臨時收到員工的辭職通知。這樣的內容起初雖會令人感到冷酷無情，不過，若實際在公司待過並適應他們的文化後，就會覺得這沒什麼好大驚小怪的。

這裡的企業大都像電影《飢餓遊戲》（*The Hunger Games*）一樣，當業務正式開始後，就會毫不留情的浴血奮戰。為了生存，只能培養自身競爭力。

基於契約關係，員工和公司絕不會把未來寄託在彼此身上。這種平等關係也造就雙方維持一定的緊張感，但這對某些人來說，也可能轉變成壓力。當然，也有一些人會把這種情緒當作回歸初衷的機會，並藉此將競爭力提升到最大值。

在美國，一些公營企業也擁有緩慢而保守的形象。在這種環境下工作的人，雖然可以得到僱傭保障，不過若是像電影一樣，暴露在絕處逢生的情況時，將無法避免陷入苦戰。

相反的，矽谷企業雖不提供員工們僱傭保障或安全感，卻給予他們能在自身領域中，成為最佳戰士的環境。

矽谷最大的優點是，能與來自全世界最優秀的人才共事。每天和擁有各種背景、來自多元民族的同事們一起工作，自然可以培養出全球化思維和高純度的競爭力。最重要的是，如實獎勵個人成果的劃時代升遷及報酬，賦予了無限的動機。

在矽谷，「人」是重要的企業成長元素。因為是自己挑選的職務，所以每天早上都會期待去上班。再者，公司也會引進最符合任務的員工，形成有建設性的工作文化。但在實際工作之後，想法可能會產生變化，或是萌生其他目的。這時，就可以瀟灑的離開。

感謝你到來，也樂見你離開

在亞洲企業，若發現職員工作動機不足，時常會將其重新安排至其他部門。然而，這可能引起對組織產生負面影響的骨牌現象。如果失去工作動力的成員一個接一個增加，會連帶影響到整體，甚至打擊到努力做事的人們的士氣。

在矽谷，一旦「飢餓遊戲」開始的瞬間，透過任務團結在一起的員工們，會盡最大的努力為專案取得成效。根據自身成績，企業有可能成功管理或面臨倒閉，成員們無不拚盡全力。以先前提到的矽谷獎勵系統為例，盡情發揮動力的員工們與失去動力的員工們之間，其取得的成果將相差十倍以上。

例如，為了達成某位同事提出的議程，供貨商會派十名以上的員工前來。會議室裡，一名負責人和多個供應商開會的情景並不陌生。當然，會議過程不會感到尷尬，或是造成完成度下降等，這也代表每個職員的競爭力都很高。

員工常因想達成自己的職業生涯規畫和技能開發目的、因企業文化改變而失去興趣，又或者是遇到更好的機會等，就和公司告別。站在企業的立場，有時反而該感謝他們。我認為，如果工作的理由和動機消失的職員願意主動離開，這對雙方都有好處。即使是去了競爭企業，或是帶著新點子創業，也不會被印上背叛者的烙印。公司會為開創新職涯的他們加油打氣，尤其是對相同領域產生正向影響時，更會給予祝賀。

韓國有「禁止跳槽至相同行業」的不成文規定，這是由於企業和員工的關係不對等所致。不過，即使離職的勞工竊取了機密情報，對公司的競爭力也不會有太大影響，因為重點不是情報，而是個人。換句話說，兼具專業性和滿腔熱血的員工，決定了企業的命運。

在自由競爭體制下，透過企業和勞工彼此保有緊張感，互相扶持、成長，不只是該產業，也能使國家的競爭力極大化，而這也是矽谷之所以能形成世界級強大產業生態鏈的原因。

第 4 章

不是我行我素，而是做出態度

矽谷優秀的專案經理們，
不會只是坐在辦公桌前談理論。
他們會挺身而出、主動解決問題，引領專案前進。

01

矽谷精神：快速失敗，征服成功

「加州設計，中國製造。」（Designed in California, Assembled in China）在運用最新技術的各種電子產品上，通常都會標示上述字句。每次看到這句話，我都會好奇為什麼在美國矽谷研發或設計的產品，卻是在亞洲生產？

如前所述，美國的歷史始於歐洲移民到新大陸探險。歐洲人為了尋找更好的機會，不惜忍受無法保障生命安全的長途航行，朝著世界各地前進。在這個過程中，鐵路、汽車等交通運輸以及各類能源技術因需求而不斷發展。

此外，在一九五〇年代，美國加州出現大量黃金後，淘金熱潮開啟西部拓荒時代。也就是說，擁有挑戰者心態的歐洲移民，再次從美國東部大舉遷移到西部，開拓遼闊的不毛之地。最終，他們成為矽谷的祖先。在其精神綿延不息的矽谷，正在不斷研發以電腦為首的半導體、網路、手機等各種尖端技術和產品。過去挑戰者們的精神，延續到今天成了矽谷的創造精神。

打造「快速失敗」精神

全世界聚集最具開拓精神和挑戰精神的地方就是加州。其中，矽谷作為創造的象徵，長期保有這樣的好名聲。

那麼，亞洲歷史又是如何？包括中國在內，韓國也奮力抵抗外國勢力入侵，所有精力都傾注於守護國土。在此過程中，不僅缺乏積極接受海外文化的機會，也無法利用海路朝外界進軍。在有限的領土內，領導者持守儒教思想，致力於國家內部政治和黨派統一的大義。

最終，當歐洲的開拓者正在努力探索世界，亞洲則將精力耗費在平息內部分裂、相互競爭。整個社會未能面向未來，或是具有發明嶄新之物的創造精神。

如果站在世界史的角度觀察產品的創造背景就會發現，設計要能夠獨立思考，而生產需要基於群體思維的強大執行力。因此，在具備獨立思考機會的西歐社會，研發出很多有用的東西，然而在重視和諧的亞洲社會中，眾人齊心協力實現目標的製造業，自然而然成了主力產業。

西方文化中，不畏失敗的挑戰精神傳遍世界，接受新文物和生活方式的同時，還提出多樣的創意。在旅程中遇到的逆境和苦難，加速了航海和飛行等為了生存和繁榮而衍生出的新發明。在背水一戰前往新大陸探險的開拓者心中，「失敗」的概念和一般人不太一樣——即失敗了也無法回頭。

他們經歷多次挫折也沒有氣餒，反而是更習慣從中學習並創造更多新事物，流傳至今便成就了矽谷的文化和基因。象徵矽谷精神的「快速失敗」（fail fast），正是源於這樣的開拓者精神。

反之，在重視階級、秩序的東方社會結構中，由於是圍繞著有限機會展開的激烈競爭，因此比起發掘新點子並付諸實行，更專注在該怎麼踩著別人向上爬。因為想做得比別人更好，甚至超越他們，所以總是重視集體標準、相互比較。

這種文化比起從無到有的努力，更看重誰可以更快改善現有的解決方案並取得成果。換言之，依照既定程序製作產品的製造業，表現出了更加強大的競爭力。

設計是用創意來解決商業問題

矽谷聚集了許多心中充滿挑戰精神的人，一旦開始研發產品，就會驗證、反映是否能依照計畫執行。為此，各小組要像齒輪一樣相互配合，扮演好自己的角色。也就是說，矽谷的製造公司可說是為了實現產品的概念設計，而搭乘同一艘船的命運共同體。

除了有將重點放在設計的產品工程、為了讓產品能順利生產而設計設備的製造工程、管理品質的品管組外，還有從概念發想到量產階段的各類組別。這些團隊以管理專案的供應鏈為主軸相互合作，生產出符合目標產量和價格的產品。

然而，即便是再好的設計，如果無法具體呈現效能，最終也只能放棄。反之，有些設計雖然容易體現，卻無法抓住消費者的心。要將這麼好的功能融入到實際生產，並不是件容易的事。因此，進入候選名單的設計會經過無數次改善，抑或是把此當作「整枝」過程。在修剪時，工程師們會利用自己的經驗和專業來完成設計。

按照產品的特性，主修化學、機械、電子工學的各領域專家皆會加入其中。他們透過模擬和設計雛型產品，同時進行測試，以便驗證功能。供應鏈負責人則挖掘可大量生產的供應商，並掌握實現設計與性能的產品成本及價格結構後，向內部團隊提供回饋意見，藉此檢視產品研發是否符合商業目的。

以研發電池產品為例。在設計要放入電池的主要零件——陽極材料、陰極材料、電解液、分隔膜時，如果每個零件都有三、四種選項，那麼其組合將超過兩百種。接著，透過工學分析，從中減少到三十種。再經過三至四次的實際樣品製作及驗證階段後，將減少到兩至三種。

當然，根據商業目的，各部門可以調整製造時程或驗證次數，但在對生產趨勢敏感的矽谷，常以模擬實驗取代實際測試，藉此縮短驗證時間，並且提高產品化的速度。

擁有新設計和功能的產品若能通過此驗證過程，採購部門將允許供應商生產欲投入新產品的材料和設備，從而開始量產。當然，並非所有的生產都能成功。如果在日後發現設計有缺陷，或是出現材料供給異常時，便得緊急改變設計或規畫，甚至停止生產、取消整個製程。

在產品的功能或品質沒有大問題的情況下，有時會一邊量產，一邊改善設計或規畫。這通常是為了提高品質水準，或是透過改善設計或供應鏈來降低成本，並提高生產速度。業界將此稱為「持續改善」（continuous improvement）。

像這樣，透過各種驗證，只留下最佳選擇的過程，充分體現在產品化中，可見設計扮演著多麼重要的角色。藉由這種協調，使製造產品本身擁有不亞於藝術設計的價值。

02

採購會左右產品的命運

在特斯拉擔任採購之前，供應鏈扮演的角色與其概念本身對我來說非常陌生。在韓國企業工作時，我認為採購組只是單純向供應商下訂單、收取貨品。如果我說自己是採購，大部分人依然不懂我的工作內容到底在做什麼業務。

但在經歷過新冠疫情和烏俄戰爭後，當供應鏈出現大混亂時，供給變得非常重要，難以處理的狀況也會立刻擴散開來。儘管如此，人們對採購的理解度依舊很低，具體的工作內容甚至不為人所知。

那麼，究竟什麼是全球供應鏈？前面提到的「加州設計，中國製造」，可以說明一切。一個產品研發、設計和製造的地區各有不同，是相當常見的事。

在全球化時代，企業在可提供相對低廉勞動力的國家建廠。此時，應綜合考慮該國的基礎設施、貿易、文化、政治、資本狀況等多種因素，制定出產品的生產和供應計畫。然而，智慧型手機和汽車等，要數百種、甚至數千種零件，即便用數學組合簡單計算，連結它們的「鏈」（chain）和「網」（web）的數量也相當巨大。也就是說，產品是以全球供應鏈為基礎而製作。

供應是和無數變數的戰鬥

為了生產一種產品，需要多個國家和製造工廠的合作，因此站在公司的立場，如果沒有管理這些產品的功能，就會發生嚴重問題。

首先是供應問題。不只是產品，在製造相關零件時，影響它的變數也會以等比級數增加。疫情時期，隨著港口和船舶的需求劇增，物流業（logistics）成為國際焦點。不僅如此，仔細觀察便可發現，影響實際生產的變數相當多樣。

舉例來說，有間製造冰淇淋的工廠，影響其生產及供應的因素有哪些？首先，由於原物料不足，可能無法生產。即便有庫存，也會因變質或過期而無法使用。此外，還會發生製造冰淇淋的機器故障，或是工廠停電等。

那麼，勞動力又是如何？各國工人不斷發動集體罷工，即使一切準備就緒，卻沒有人願意工作，便無法生產。就算工廠順利運轉，也難以達到目標產量；或是產品無法銷售；又或者是因倉儲系統出現問題，造成冰淇淋融化。如果當年夏天的產量未達到預期目標的一半、錯失銷售良機，將會致使投資在製作設備上的資金無法回收等重大損失。

實際上，影響整個產業生產過程的因素非常多。從某種角度來看，當產品真正送到消費者手中時，可說是近乎「奇蹟」。正如馬斯克曾在自己的推特上說：「**雛型很容易，但要量產非常困難。**」任何人都能以創意為基礎少量製作，不過從執行層面而論，在確保經營利潤的同時，帶動商業規模的量產絕非易事。

管理供應網，是產品的最終競爭力

在生產上，「價格」是僅次於供應的重要歸因。以經濟學用語來說，就是「支付意願」（wilingness to pay）。根據消費者認為該產品有多少經濟價值，定價也會不一樣。這是依照需求和供給所決定，而企業要按照商業目標留下經營利潤。為了達到淨利，首先要控制成本。不過，影響成本的因素就像供應和生產一樣，其種類無窮無盡。

讓我們再回到冰淇淋生產案例。公司以年度目標產量為首，設立主要原料——麵粉的供應計畫，並與烏克蘭等產地達成協議。然而，在烏俄戰爭爆發後，烏克蘭麵粉供應商表示，自下半年起將無法繼續供給，而其他地區的供應商也紛紛跟進，結果導致價格暴漲，因而調整供需。此外，多年來持續交易的美國麵粉企業，也要求提高價格。

他們以「其他業者漲價了一倍以上」、「工廠很難聘請工人」、「通貨膨脹造成麵粉精煉設備價格上漲」等各種理由，吵著要把價格提高一倍以上。而且，這個問題不局限於麵粉供應商。供給白糖和色素的企業也要求重新協商價格，甚至還威脅說，如果不給漲價，從明天起將很難正常供貨。

這是一個簡單的故事，卻與整體產業所發生的模式相似。眾多生產材料與各類供應商，以及衍生出的漲價效應比一般人想像的還要多。站在採購的立場，雖然想盡可能考慮他們的處境，但這樣一來，成本有可能會高過產品價格。沒有一家企業能在虧損的情況下維持業務，即便有，可以長期支撐下來的也是極少數特例。

如果沒有控制數量和價格的能力，企業將遭受致命打擊。因此，有能力控制這些要素的組織，就能左右企業的命運。

以蘋果為例，執行長提姆．庫克（Tim Cook）曾擔任採購組的要職，是一位在供應鏈管理方面具有卓越能力的人物。透過蘋果的市值可以看出，一個組織完善的採購部門對商業的影響有多大。管理全球供應鏈、配合消費趨勢及其衍生的需求，藉以創造出高利潤並大量生產，這需要驚人的執行力和縝密的策略才得以實現。最終，蘋果借助庫克豐富的供應鏈經驗，就此建立起其市值。

相反的，也有很多企業未能控制好供給和價格，導致無法進軍市場。短暫出現於市場上，卻備受非議的新興電動車公司尼古拉（Nikola Corporation）、駱馳汽車（Lucid Group, Inc.），以及卡努汽車（Canoo Inc.）等，就是此例。他們夢想成為第二個特斯拉，但在原型車實際量產的過程中，出現資金不足等問題，因而陷入困境，以致其成長性被打上問號。

由此可見，**採購**的角色非常重要，甚至可以左右企業的命運。**從推出企劃到銷售，扮演著該產品的領導角色，控制產品和零件的供應量、價格，是讓商業最終目的得以達成的公司核心。**

如果企業正確理解採購的概念，進而培養專業人才並建立基礎設施，就可以擺脫以Ｂ２Ｂ（編按：Business to Business，企業對企業）為主的製造業，開始設計、生產終端客戶想要的產品，或服務的全球Ｂ２Ｃ（編按：Business to Consumer，企業對消費者）事業。當然，這並不代表只要管理好供需，而是應該為了全球商業和產品的問世，提供堅固的框架。

03

矽谷採購眼中的兩種數字

在矽谷，企劃的產品因適用多種新技術，故而需要花時間做各種測試和量產性驗證。尤其是在投入先前未曾使用過的零件或產品的情況下，與供應商討論時，應以數據為重，而不是只會說一些抽象概念。

矽谷的採購專家會以長期、短期觀點，採用「產能規畫」（capacity planning）、「供應計畫」（supply planning）。若能個別討論，就能提高解決核心問題的機率。

產品上市前，在企劃階段會優先考慮什麼？從長遠而言，根據內部零件的特性將會有所不同，一般來說，「該零件是在哪裡製造、如何製造？」最為重要。每個供應商的工廠都不盡相同，有時也可能會選擇另闢新工廠。建造新的生產基地時，供需雙方應該依據當地勞動力和各種基礎設施是否滿足需求，以及資金如何籌措等問題相互溝通。如果是在與供應商制定具體產能規畫的階段，可著手探討包括正式協商在內的細部計畫。

接著，要訂定生產基地長期應如何管理，和確保供應量的供給計畫。通常會先以一年內的數量為目標，決定每天該怎麼運作。生產能力有限的工廠若想確保更多的產量，就必須深入討論其營運方式。這樣一來，就得先商討如何確定與生產力相關的分配量。

如果公司不是該產品的單一採購者，供應商當然會思索收益性，希望先供貨給報價更高的客戶。因此，採購方會根據市場情況，考慮最佳價格、長期合約、購買數量保證等條件，透過協商，事先確保自己所需的數量。

然而，在現實情況下，無法保證能全數供應。特別是，如果引進新技術或全新製造工藝等製造難度較高的零件，量產的貨量有可能達不到預期的一半。因此，採購必須仔細檢查供應計畫內的各種假設。

例如，採購要預測工廠的每日產量，並檢查是否能確保所需貨量。在準備就緒、開始投入後，事實上很難實現最大日產量。縱使理論可行，但實際上，可能會突然發生設備停止運轉……為了解決問題，得時常中斷作業。另外，工人的技術也要時間才能熟練，在成品品質達到可出廠的水準前，更會經歷各種反覆試驗。

因此，可利用先前類似的製程為基準，或依據工程原則建立「生產斜坡曲線」（production ramp curve，又稱產量預測）。此時，採購對供應商提出的問題，具體應該如下：「與PPM（編按：part per minute，每分鐘生產多少零件）相比，為何實際啟動設備的比例較低？」、「是什麼因素影響成品供應許可的產出率？」、「依照時間表，準備了哪些對策來改善產出率？」

身為採購，為了確保貨量，要仔細檢視是否有遺漏、盡快發現會威脅達成目標產量的因素，並加以改進。當然，為了做好這一點，須具備實際的量產經驗和能從多方面思考的能力。

採購成本降，利潤會加倍放大

矽谷評價產品價格時使用的成本結構，是由用於製造產品的材料項目——物料表（Bill of Materials），以及人工費、設備費等間接必要因素的非材料部分（non-BoM）所組成，而以上兩者都有協商的餘地。

供應鏈主管以廠長或執行長之姿，向製造企業採購原料、投入製造時，應檢視購買價格是否合理。此外，還要仔細分析、審查物料投入設備時產生的成本。非材料部分則必須判斷單品價格結構中反映的設備、建築物、人工費、工廠運營費、產品收益率、間接費、利潤……各自以何種型態形成報價，其定價是否合適等。

在分析價格的同時，如果想和業者順利協商，與其單純降低價格，不如抱持著「尋找最適當價格」的心態接近。如果雙方達不到共識，可採取提出談判協議最佳替代方案「BATNA」（Best Alternative To a Negotiated Agreement）的思考策略，同時還得具備與對方你來我往的協議能力。價格協商須具有綜合策略和創意判斷。

在建立長期產能規畫時，花費在建造建築物和設備的時間都是金錢。假設一開始需要花五年左右完成，如果能在兩年內完成，那麼包括人工費在內的計畫預算便可降低到一半以下。若工廠在效率上比計畫初期預估的空間使用率提高兩倍以上，相關預算也會降至一半以下。

樹立短期供應計畫時，每個假設也都是錢。當不良率從一〇％減少到五％時，要報銷的不合格產品減少一半，供應商的利潤自然就會增加。若是採購方為改善供應商的製造做出了貢獻，則有必要針對彼此提供的價值、利益進行協商。

相反的，計畫和產品很難展現超前且正式的貨量。為此可設置價格上限（編按：Not to Exceed，簡稱NTE），消除不透明的計畫方向，及營業損失可能導致供應商產生心理上的不安。同時，採購也可根據計畫預算方案企劃產品。

身為採購，要具備全面理解供應商業務的姿態。例如，若供應商參與公司內的多個專案，採購可以比較、分析各案子的商務和價格結構。換言之，按照不同的專案，篩選出原料和人力等製造上的共通點，利用規模經濟（economics of scale），引導有效的價格協商。規模經濟是指隨著投入的規模擴大，讓長期的平均成本降低，也就是隨著產量增加，平均成本下降的現象。

矽谷公司在決定價格時，從設計到工程，都喜歡運用「由下而上」。相關負責人聚在一起考慮原料、加工費、間接費用等，系統性的制定產品價格。而在決策過程中，採購人員會利用卓越的分析能力，協助評估適當價格和可能性更高的產量。

04

如何從生產地獄中復活？

「因為 Model 3，我們深深陷入了『生產地獄』（product hell）。」

二〇一六年，馬斯克宣布普及型電動車——Model 3 的上市計畫後，僅僅兩天內，預約訂單就突破了二十五萬輛，而業界也隨即對此表現出極大興趣。此後，為配合需求，特斯拉試圖增加 Model 3 的產量，卻在生產過程中出現狀況。為了克服危機，包含馬斯克在內的全體員工，幾乎都住在工廠裡奮戰。

即使數量和價格朝著想要的方向邁進，但事情並沒有就此告一段落。換句話說，從五年前開始討論的專案，就算在今天正式進入量產，也不能鬆一口氣。從投入生產的第一天起，工廠內部便可能發生意想不到的事。

如同孩子出生在這個世界，為了讓產品上市，接踵而來的是各種困難和挑戰。

回想起馬斯克為了順利量產，不惜蜷縮在生產現場的地板上睡覺，一步也離不開工廠的情景，立刻就能理解當時的情況有多嚴重。

生產就像煮飯，品種最關鍵

首先，在生產開始之前，投入的物品就可能會有問題。想像一下，假設你今天開了一家餐廳，想要煮飯。當你向供應商訂購大約一個月分量的白米時，萬一你沒有對米的品種額外進行協商，會發生什麼事？

餐廳的電鍋最適合用來煮韓國產的白米，但供應商卻送來東南亞品種的米，此時就必須改變水量、烹調時間及壓力等基本設定。即使是韓國產的白米，按照米的新舊，煮飯時所需的水量也會不一樣。此外，還要考慮不同地區出產的白米特性。最壞的情況是，如果米袋裡長了蟲，那麼所有的白米都將被銷毀。

以上雖然是一個非常簡單的例子，實際上卻是在高科技製造生產中常發生的議題，其核心概念也是如此。只要投入物質的種類和特性稍有變化，成品就會大相逕庭，甚至還可能無法銷售。

因此，採購組應主動與企業內部的利害關係方重新檢視新物質的數據和風險，避免生產出狀況。當你確信新原料在做成成品後，將帶來相同結果時，往往會與預期有所差異。故而，公司方面應該徹底分析，切記不要只是利用模型預測，還必須根據實驗團隊的經驗值做判斷。

當通過嚴格審查的物質被投入工廠設備時，就會開始製造。自這時起便適用「製造斜坡」的概念。這代表從零到達成目標產量時，需要投入的努力和時間。即便克服原料順利量產，也時常因製程出問題及變更等，造成設備停止運轉。如果狀況比預期還要頻繁發生，就無法達成供應計畫上的生產數量，最終導致和原先設定的目標相距甚遠。

之所以會中斷生產，大都是源自於起初完全沒有預料到的變數。比如，零件的外觀過於閃亮，難以使用照相機掃描，導致製造過程無法追蹤。另外，像是表面處理粗糙，在和其他零件結合時，會因摩擦而產生異物，讓連接設備的工具磨損，造成零件尺寸相對增加或減少，最後無法組裝。

如果將供應鏈內的零件組合起來（特別是汽車的零件數量多達數萬個），就會產生無限的「NG 案例」。此時，可以透過增加製程，或是去除不必要的製程來改善品質。

發生這種問題時，如果能改變製造流程反倒還好，若設計需要大改，將對生產造成巨大打擊。此外，影響生產效率的因素還有勞動力。對於包含高科技製造在內的整體產業而言，工人的熟練程度仍有很大的影響力。

成品出廠後，還有很多事要做。顧名思義，供應鏈就像食物鏈，我管理的零件變成下個階段所需的零件，順利產出的產品也會和其他製程牽連在一起。實際上，在我的專案中，也曾在某階段發生問題。我的供應商按照規格成功量產零件，並向上游企業供貨後，卻在組裝的過程中發生意外。

「雖然不知道確切原因，不過只要投入這個企業生產的零件，收益率就會降低一〇％，我們想把該零件的使用量降到最低。」工廠裡，不斷傳來類似的投訴。

最終，確定生產時間表後，供應鏈上的各廠商將陸續確定各零件應該在何時之前量產。我也必須向上游企業提供自己所管理的零件生產時間表。由於排程關係，有時無法完全檢視出測試結果，只能用技術風險評估，以五〇％的資訊量產。

一旦產品設計出意外，就會面臨生產地獄顛峰。在這種情況下，必須發揮更強大的創造力和執行力來解決問題。這時，應考慮是否要報銷已生產的零件，設備是否能改造再利用，或是完全無法使用等。

開始量產後，如果製造發生變異，製程或投入物質也會改變，屆時生產能力將不增反減，供應計畫也要跟著修改。像這樣，無時無刻待在生產地獄中，才能產出接近供應計畫期望值、穩定的產量。此時，採購主管的任務才會結束。

二〇一七年，當時特斯拉的年產量為十萬輛，到了二〇二二年，卻大幅增長到一百三十七萬輛。陷入生產地獄的特斯拉之所以擁有改革性的生產能力，是由於經過使製程最佳化、控管與垂直化電池及半導體等核心零件、將工廠空間設計成最適合量產等反覆試驗，因而順利成功扎根。

雞蛋避免放同一籃

產品成功量產後，還有其他問題在等著我們。穩定供給的背後隱藏著暴風雨前夕般的諸多妨礙因素。這通常是由外部因素所引起，而具備成長型思維的組織也會在內部尋找改善之法，不斷最佳化。

外部因素是由國際情勢、經濟、環境等所致。不僅是颱風等自然災害，烏俄戰爭及中美矛盾等地緣政治，以及國家政策等，皆會直接影響全球供應鏈。舉例來說，假設產品中使用的精密製造零件，是由韓國某家特定企業製造，若該工廠因天災被淹沒，無法在短時間內恢復生產，那麼生產計畫也將隨之延宕。

或者是如果美國企業欲從中國取得特定零件，卻因《貿易法》而禁止進口和採購，很難在短期內找到替代品，生產計畫同樣會被打亂。另外，各國的因應政策也會對供應造成影響。在新冠疫情期間，如果生產基地偏重中國，會因政府頒布的清零政策，導致工廠反覆停工，供應和生產計畫將受到重大損害。

全球經濟和市場條件的改變，亦會對供給產生很大影響。通貨膨脹和原物料價格暴漲，就是最具代表性的例子。如果工廠的電力、天然氣等費用急劇上升，企業的經營利潤就會減少。特別是，通貨膨脹使需求原料的價格在一夕之間上漲，企業因而受到嚴重打擊。

此外，根據合約規定，銷售給顧客的定價不能隨意調升，如果找不到該零件的替代品，企業只能急得直跺腳，卻找不到相關對策，不得不接受部分供應商的漲價要求。總之，供應商和採購方之間的談判，會隨著產業變化而有所不同。

由於經濟蕭條或產業技術變革，消費者對產品的要求也可能發生改變。若經濟蕭條造成需求減少，使生產量降到產能計畫的一半以下，不僅是企業的銷售額會縮減，回收投資於設備的資金，所需時間也會增加到兩倍以上。萬一專案提前喊卡，需要償還給零件及設備廠商的債務將非常巨大。

此外，還有刻意減少需求的情況。例如，有時會發生買方突然將產品顯示器從LCD（編按：Liquid-Crystal Display，液晶顯示器）改成OLED（編按：Organic Light-Emitting Diode，有機發光半導體）。此時，採購負責人便不得不再次與業者斡旋。

每當有各種外部因素影響，導致供應鏈出現差錯時，採購得到的最大教訓是，避開「單一來源」（single source），即信任唯一的供應商。若發現供應者想透過獨家技術維持壟斷地位、獲得最大利益，採購應該在產業內引導企業競價，為大眾提供接觸新技術的機會。

即使產品進入穩定化量產階段、排除外部風險，矽谷也會為了改善產品，持續推行各種專案。在內部不斷互相幫助和鼓勵的氣氛下執行，以便靈活因應各類外部因素，而這皆是源於成長型思維及挑戰精神。

我從未在矽谷見過執行專案時，因發生失誤或失敗，而將精力和時間浪費在生氣或斥責他人的員工。大家都試圖在自己的領域內解決問題。因此，失敗被當成學習的機會，組織內部的經驗值也會隨之增加。

最終，矽谷企業經歷整個管理量產製程的週期後，在下一個專案中便不會重蹈覆轍。藉由此次經驗，亦可以企劃、推出更具革命性的下一款產品，並成為「逆向超車」的強大跨國企業。

05 專案經理生存法則：爭分奪秒

在矽谷企業，不僅是採購組，各個部門都有著多位專案經理（編按：Project Manager，以下簡稱ＰＭ）。以我個人經驗，成功的ＰＭ通常會有幾個共通點。

首先，他們對自己負責的專案，具備與眾不同的主導意識和思想。這份熱愛不僅會改變工作態度，還可以改變組織文化。這是由於他們不會只在規定範圍內被動完成自己該負責的事，而是主動尋找可做的業務、積極與他人合作，並努力提升專案完成度。

ＰＭ會站在各種利害關係者的立場上理解專案，同時執行各式各樣的業務。這類型的全方位專案經理，時常被形容為「身兼多職」（wearing many different hats）。

也就是說，ＰＭ們不會為了展現某種技能，只做分內工作，而是帶著經營者的心態引導專案和商務。他們以設計師的感受評價產品的魅力，以投資者的態度對產品價格結構提出異議，並且站在廠長的立場討論生產和運作是否存在危險因素。

賦予他人靈感，提高專案完成度

在蘋果的採購部門工作時，我曾多次與工程組的ＰＭ們一起共事。其中，與芙蕾亞共事的過程特別令我印象深刻，她每次在會議上都會提出許多尖銳的問題，也會主導當天的會議進行。

某天，在決定設計的議程上，她問我：「如果產品的尺寸縮小一〇％，價格是否也可以降低一〇％？」倘若產品的面積減少，原物料的需求量或許會隨之降低，然而主要零件的需求數量卻不會，這個問題使我重新思考產品的尺寸和價格之間的關係。幾天後，我傳了一則訊息給芙蕾亞。

「我反覆思索了上次妳問的問題，並和供應原料的業者討論，或許可以減少一〇％左右。至於，隨著面積減少，驅動零件的規格是不是也可以跟著縮小？我想，可能是現在設計的尺寸較人，所以才要用頂配的零件。」

「那部分我會再跟工程師們確認。謝謝你，凱文。」

如同上述對話，PM的業務不只局限於專案管理，還會為所有參與團隊帶來新啟示，且扮演領導者的角色。從討論產品概念到量產，他們會以學習的姿態持續引導組織內部交流，透過提出賦予靈感的問題，藉此提高專案完成度，同時，蒐集所有利害關係方的意見，做出有利於公司的提案。

在亞洲企業裡，並非沒有PM的概念，就算有也是有名無實。反之，在矽谷，他們可說是組織文化的核心。如果以B2B事業為例，亞洲企業的組織結構就像是營業組和研發組，主要以專業技能區分。然而，具備不同能力的人各自執行專案時，組織內便可能爆發衝突，這時必須委託事業部等權威人士裁決。

假設研發部將以「業界最佳性能」、「業界首次」等為主題完成產品，並且希望迅速推出該商品。倘若研發部門的主管沒有意識到自己就是該專案的執行長，在與營業組發生研發意見紛爭時，還在期待社長等決策者跳出來裁決，便無法進行下一步工作。

然而，員工們越是依賴決策者的協助，就越容易失去培養自主解決問題的能力和機會。從長遠而論，這是整個組織的巨大損失。每天都會發生的幾項議題，不可能全部交由上級處理，而且這種決策過程也無法跟上經營環境的急速變化。

把時間花在有意義的地方

有一位叫格雷格的ＰＭ，他因為非常擅長時間管理而備受尊敬，我也曾在會議上特別詢問他時間管理的祕訣。當時，格雷格讓我看了他的行事曆，從早上八點到晚上八點、從週一到週五，上面標有密密麻麻紅色方塊的會議時間，有些甚至還相互重疊。

「格雷格，你是如何管理這麼多行程的？會有喘息的空檔嗎？」

「凱文，我認為沒有必要所有都參與，只要參加一些重要的即可。很多部門都想實現自己的目標，如果知道什麼會議對專案和公司有所幫助，馬上就能掌握哪些較為重要。」

同時，我看到他信箱裡有很多未讀的郵件，也順便詢問電子郵件的管理方法。

「管理郵件也是，花一整天也讀不完這麼多的信件。我主要會閱讀對專案和公司有幫助的訊息或要求，**一旦資訊量變多時，更要好好判斷什麼才最重要。**」

這真的是個好方法。我向他道謝並對他說：「你就像是在波濤洶湧的大海上，駕駛一艘大船航行的船長。」有趣的是，格雷格說自己正好是海軍退役，這又再次讓我大吃一驚。

與公司內部和外部眾多利害關係者溝通的ＰＭ，每天都會收到很多資訊。受人尊敬的ＰＭ就會像格雷格一樣，能從遼闊的資訊大海中，區分出有助於專案執行的內容和無用的噪音，並將時間花在有意義的一方，甚至還會依照重要程度，選擇是否出席其他部門舉行的內部會議。馬斯克也建議員工們不要參與不必要的議程，應該花更多時間專注在設計或製作產品等實際業務上。

工作與生活不應互斥

可以在眾多資訊中看出何者較為重要的ＰＭ，將會對企業及商業發展產生直接影響。他們能在有限的時間內，運用自己百分之百的能量和能力，就算只有獨自一人，也能和十多位來自不同合作廠商的專案負責人有效率的開會，就像是大衛和歌利亞的對決（編按：出自《聖經》撒母耳記。牧童大衛無懼高大、性情凶猛的巨人歌利亞，用石頭擊中他的額頭，守護了以色列）一樣。看著身材矮小的PM，在集合各部門開會時，懂得像大衛一樣用智慧解決問題，越是戰鬥，他們就會變得越敏捷，更有能力以一擋百。

相反的，亞洲企業組織中，有很多無法全心投入專案的剩餘勞動力。我與亞洲負責人見面時，很多人都是一言不發的坐在會議室裡，待滿三個小時後便離開。因為組織文化並沒有為PM建立起主角意識，進而導致獨立貢獻者的決策能力下降。如果只是致力完成上級的指示，個人和企業發展必然會變得相當緩慢。

我個人並不喜歡「在工作與生活之間取得平衡」。我認為，這是那些做「別人指派事務」的人才需要的生活方式。由於難以掌控業務，一心只盼望下班時間和週末到來，在挺過平日的被動後，工作與生活的平衡就變得非常重要。但若是自動找事情來做，比起建立均衡業務和日常的計畫，反倒能找到屬於自己的有效方法。

在疫情爆發前，矽谷也有代表居家辦公的「WFH（work from home）」概念。剛來時，看到記錄組員們行程的行事曆上寫著「WFH」時，我不禁感到驚訝，但沒過多久，我也習慣了這種文化。如果公司相信員工們可以有效運用時間，個人在辦工時也可以不受場所和時間限制，並順利取得成果，那麼時間的掌握和做事方式，便能完全按照自身生活步調來規畫。

當然，這種工作文化是由於每個人都是獨立貢獻者，扮演著可以對一個專案完全負責的ＰＭ，才有可能實現。

06

比起找正解，更偏好求同意

聘用員工時，馬斯克認為最重要的條件是「解決問題的能力」，而ＰＭ最具代表性的核心技能也是如此。工程、品質、採購等所有團隊的日常，歸根究柢都是在解題。這裡的「解題」，並不是在客觀答案中尋找正解。也就是說，在沒有特定答案的環境下，定義符合各自專案及商業議題後，做出最好的選擇並推進。

沒人會告訴我們正確答案為何，也沒人會後悔當初為什麼沒有做出其他決定，因為這些都是綜合當時的人力和情報而做出的最佳決策。

ＰＭ應透過具有邏輯性的思考途徑處理問題，與前述提及的解決問題框架大抵相同（編按：見第一五八頁）。

首先，根據各組的輸入，分析、整理問題的主因。舉例來說，假設量產時，不合格率比目標值高出五％。負責這個議題的ＰＭ必須在工程與品質部門，以及生產現場一一查看流程，並試圖找出原因。同時，也會檢視工廠設備是否存在製造性偏差，或是設計的樣式能否正常呈現、實現產品化。當然，還會調查投入零件是否會因供應者和供給時期而產生變化。

經過上述研究，可以確定究竟是設計還是製造出了問題，又或者是因供應來源不同而造成偏誤。ＰＭ大致能看出資源和能源集中在何處，以此解決問題。特定領域則由各個專家尋找技術上的歸因，並透過他們的知識與經驗建立假說。

例如，若是設計上有瑕疵，可導入Ｘ光等新的測試方式，建立根據不同外形設計，內部零件的結合程度可能下降的假說。總結成：「目前量產產品的外形設計會降低內部零件的接合度，並在過程中造成五％的貨量損失及成本上升。」

接著，是實際解決問題的過程。如果原因明確，執行上也會變得容易。當設計出現意外時，可以試著帶入前一階段的框架，透過工程分析做變更，並在樣品單位中，篩選出有狀況的部分進行測試。如果是製造方面的問題，則依照不同情況設定假說後，細分製程，並在做「對照實驗」（control run）的同時，逐一更改變數，找出解決方法。至於供應鏈，首先要調整設備、製造方式、操作者技能、原料等，再來觀察產品的性能變化。

事實上，如果查出是設計出狀況，可採取以下措施。首先，為了改善零件的接合度，又設計了其他兩種新的外形。第一是結合度得到改善，但由於是額外的結構，使產品價格增加了三％；第二是即便沒有額外結構，接合度也會獲得改善，然而因組裝過程的速度改變，致使製造時間增加，造成產量減少一〇％。雖然還有其他想法，不過預期會比原先多出五％的貨量損失，以及成本的漲幅變更大等負面影響，最終被排除在候選名單之外。

對於以上兩種設計，我們會快速製作出簡單的樣品，在原先需要兩週時間的整體產品檢測中，只做與外形設計相關的項目，藉此縮短至三天內完成。供應商可能會以測試設備不足為由，表示需要六天的檢測時間，但產品如今已經開始量產，每天將會損失五％的商機，解決問題迫在眉睫，必須找出同時測試兩種設計的方法。

正好，有用於其他量產製程的多餘測試儀器，更新軟體設備後便能開始執行。當時，我急忙向軟體組求助，終於在三天內搞定兩種設計的驗證，結果顯示，新設計解決了所有的接合度問題。實際做出樣品後發現，第二種設計選項必須進一步調整製程速度，故而產量將會減少一五％。

PM將這一系列的過程整理得一目瞭然，並在最後階段提出解決重要問題的建議與下一步該採取的動作。雖然根據PM的經驗和能力，提案的方向會有所不同，不過最終會經由多場會議，得出組織裡的最佳決策。

此時，不是由公司高層自行做決策，而是透過「審視時間」形成多數意見。這是矽谷企業的一種文化，並非撰寫報告、得到高層的批准，而是由獨立貢獻者製作資料，與決策者自由交換意見，尋找更好的解方。

避免陷入沉沒成本的陷阱

現在，假設我們設計了一款新的電池產品。在一年半的時間裡，為了研發新設計，投入人力和經費，還得執行各種驗證，然而結果卻是既有的更好。那麼，亞洲企業究竟會做出什麼樣的判斷？他們很可能會選擇新產品，因為比起未來利益，他們更執著於眼前的損失。

然而，特斯拉會放棄沉沒成本（sunk cost），繼續採用既有產品。他們不會認為新產品的研發是「失敗」，而是「累積新數據的過程」。我想，這不僅是特斯拉獨有的方式，矽谷企業在解決問題時，也很常突然推翻直到昨天為止都在竭盡全力執行的專案。因此，會鼓勵大家盡量不要陷在沉沒成本的陷阱中。

反之，亞洲企業似乎認為，事情已發展到一定程度，「現在放棄就太可惜了」，如同有人會說：「看最後是你死還是我活。」一旦開始了，無論如何都要堅持到底。矽谷解決問題的風格是，**就算花費再多的精神和時間，只要有更好的方案，便會快速轉換方向**。

雖然先前已提過，解決問題的方式之所以產生差異，都是源自組織文化不同。在亞洲企業裡，高階主管是主要決策者，但矽谷的高層則是扮演顧問的角色。專案的主角是該案子的負責人，上司則會扮演提供回饋意見的建議者角色。因此，**比起要求「正確答案」，更偏好尋求「同意」**。

即使PM的想法和自己不同，主管們也不會覺得那是不像話的想法，而是以自身經驗協助轉換思路，上司經常會使用「從不同的觀點來看，應該……」（Another way to look into this is–）的形式表達意見，這也源於成長型思維的概念，不僅能引導學習和發展，還能在解決問題時，讓PM們有機會發揮各自卓越的能力。

07

打破框架的創意，怎麼找？

矽谷的ＰＭ們運用各自的方法，努力擁有創意和嶄新的思維，因而得到了對產品及商務的洞察力，並在會議時，提供有趣的意見，為同事們提供學習機會。

隨著這些經驗對組織產生正面影響，也形成ＰＭ們的追蹤紀錄，最後更擁有屬於自己的人生品牌。之後，他們再透過自身品牌集合追隨者，開始創業。矽谷正是因為聚集了這些人，才可以開創出任何國家都無法比擬的強大創新生態系統。

縱使卓越的ＰＭ具有嶄新的思考方式，但為了解決每天的問題，單純依靠自己的經驗值也是有極限的。為了能快速看穿變化趨勢，應培養靈活的思維。

為此，不僅要了解世界動向，還有經濟、政治、社會議題，以及專業領域的最新趨勢與非專業領域的基本背景知識。即使懂了很多，也無法成為萬能的存在。

更重要的是，要捕捉到這些知識中，別人看不到的亮點，並將其變成自身獨有的洞察。這就是矽谷期待個人可以擁有的嶄新思考和革新原動力。

不斷累積新知

從ＭＢＡ畢業、定居於矽谷後，我對知識的渴望更加強烈。除了睡覺之外，大都在努力了解新領域，並且不停上網搜尋。在ＭＢＡ花了兩年認真學習，同時運用到工作後，我發現，比起吸收資訊，從我身上輸出的反而更多。再這樣下去，就會感受到面臨極限的危機感。為了解決資訊的不對等，我找到幾種方法。

首先，要有解決好奇心並吸收知識的時間。往返於住家和公司的上下班時間，是我能自行控制的專屬時光。另外，使用手機會因各式各樣的業務資訊，容易導致精神渙散，所以應該使用電子產品以外的其他媒介獲取訊息，也就是報紙。

我在蘋果上班時，會利用通勤的一小時看報紙，並比較過去在ＭＢＡ學到的，以及實際在公司發生的事，藉此滿足對新知識的渴望。現在回想起來，好像不曾看過有人像我一樣，在通勤巴士上閱讀會發出窸窣聲的紙本報紙。

在特斯拉工作期間，我親自開車上下班，主要是透過 Podcast 吸取新知。在美國，Podcast 平臺非常活躍，可以聽到各領域專家針對各類主題暢談自身看法。其中，我最喜歡聽的是《HBR 創意節目》（*Harvard Business Review IdeaCast*），還有提及整體產業將如何反映在現實中的《自由經濟學廣播》（*Freakonomics Radio*）、採訪矽谷最炙手可熱的 AI 領域技術專家的《Lex Fridman Podcast》。我利用上下班時間，每天聆聽兩小時左右，滿足對學習的渴望，並再次累積新的資訊及知識，也就此恢復了自信。

適當休息，為成長蓄力

單憑學習，是無法創新思考的，培養創意靈感的情緒性習慣也很重要。而這與休息或睡覺放鬆時，大腦的神經元會產生連結有著相同的道理。然而，如果被工作壓迫，很難有這樣的時間和機會。如果沒有與眾不同的意志，便難以創新思考。

矽谷經常使用「unwind」一詞，意思是「放鬆」。就像很多企業會在園區內提供讓員工運動的健身房或按摩服務，在工作之餘，照顧身心健康。

以我而論，我刻意安排了特定時間，擁有與自己對話的機會。在那段時光裡，可以思索在戰場般的職場中無法做的事，並且制定計畫。為了準備這樣的時刻，我還設計了幾個專屬習慣。

首先，每個月請一次假，前往舊金山近郊健走。幸運的是，矽谷的天氣一年四季都很溫和，何時要去幾乎沒有限制。拋開工作一直走下去，煩惱的事會被一個個解開，且找到新的線索。最重要的是，一邊走一邊看遼闊的大海和青翠的高山，每天反覆的激烈生活、讓自己傷心的事，以及各種苦惱等，彷彿變成什麼也不是的小事，還能靜下心來管理心態。

健走不僅能預防職業倦怠，也能體驗到「啊哈！頓悟時刻」（編按：Aha! moment，用以表達發現某事物、真相時的感嘆詞）。下定決心撰寫這本書的決定性契機，也是來自在舊金山近郊健走時所冒出的想法。

再者，海外出差也是個千載難逢的機會。當然，在途中也會出現要和供應商一起解決的問題，還有事前準備會議等令人覺得有負擔的工作，不過我還是很享受。飛機內是最好的放鬆空間，因為在飛行期間，我能稍微擺脫每天數百封的郵件和無數的會議。在那裡，沒有什麼可以妨礙我讀書和冥想。

尤其是前往亞洲地區出差時，單程十三小時完全屬於我自己，是無比珍貴的時刻。不僅可以盡情閱讀平時一直想看的書，也能專心規畫那些因忙碌的日常生活而不斷被延後的未來計畫。

另外，還可以整理這段期間所發生的事，或是偶爾什麼都不做，只專注於冥想。此外，由於時差關係，感覺就像是在其他世界以不同的思考體系工作，也會得到新的洞察。

我的最後一項放鬆習慣是和我的MBA朋友傑克森一同去旅行。過去為了即將結婚的傑克森舉辦單身派對，而前往國家公園遊玩，彷彿成為傳統般一直延續至今。每年四天三夜的旅程中，我們經常就美國霸權或未來等各種主題進行交流。離開工作環境，在壯麗的自然環境中與朋友真誠交談，不知不覺間我的想法便被梳理得一清二楚，而且聽了朋友的回饋意見，也能產生新觀點。

傑克森在金融業界上班，與我身處的產業幾乎沒有交集，因此與他的對話總是令我感到新奇。我們努力生活，沒有時間關心其他領域發生了什麼事。不過，我非常清楚，如果只吸收所屬業界的資訊，只和相關人士溝通，有可能陷入集體思考的陷阱。因此，國家公園旅行是能站在各自的框架外，窺視內部的寶貴時間。

08 執行、執行，只有執行是革新

對於ＰＭ而言，最重要的業務能力之一就是執行力。即使有再奇特的想法，如果無法付諸實踐也沒有任何用處。近幾年來，經歷過疫情與區域戰爭，全世界因供應鏈問題陷入危機，工程與營運等各領域的ＰＭ必須具備更強而有力的執行力。

例如，全世界對半導體的需求劇增，從電子產品到汽車等，許多製造領域都面臨晶片供應不足。即便已經取得生產時所需的大部分材料，卻時常發生因尚未拿到一個特定晶片而中斷生產。

二〇二二年二月，美國汽車公司福特因半導體物料不足，位於北美的八家工廠首次遭遇減產或中斷生產。每天因產量而命懸一線的新創公司，也蒙受巨大損失。

然而，特斯拉受半導體供應不足的影響相對較小。原因在於，傳統汽車公司通常會把晶片等電子零件設計委託給外包業者，但特斯拉選擇親自設計核心晶片，並建立和半導體公司的直接供應網。當特定晶片供應量不足時，特斯拉可以迅速改變設計、使用其他晶片，以便減少損失。這與ＰＭ本身的執行能力有直接關係。

忠於本質，解決問題

ＰＭ們擁有能率領眾多團隊和業者解決各式問題的執行能力，這難道是與生俱來的嗎？還是可以透過後天養成？我認為，如果帶著成長型思維不斷訓練，絕對能培養出該技能。

首先，不要因資訊不完整而猶豫不決，應該根據既有資訊下決定。當然，並不是每次都得在承擔風險的前提下，推動所有專案。不過，比起以資訊不足為由踟躕不前，尋找能立即實行的方法，將會帶來更好結果。實際上，即使執行起來並不完美，但思索決策選項與方案的能力也很重要。在矽谷企業的徵才條件中，總是少不了「擁有以部分資訊做決策的能力」。

判斷資訊是否明確，也是身為專案當事人應負起的責任。如果與專案的主要目的沒有太大關聯，可能會分散注意力，導致無法做出決斷，因此ＰＭ得掌握問題的核心，隨時準備接受資訊。唯有這樣，才能盡快分辨出究竟是資訊還是噪音，並投入作業。

以下我將以自身案例來說明ＰＭ的執行力為何重要。我記得，這是發生在為了驗證新零件而制定測試計畫時的事。一旦驗證成功，就能立即反映出降低成本的效果，因此必須快點完成測試。然而，供應商提出的檢測種類超過十餘種，他們似乎是考慮到對產品的法律責任，而搬出現有產品的各類測試清單，為了做完所有測試，前後得花費六個月以上的時間。

我和公司的工程團隊一起審視清單，討論與現有產品相比，新產品變更了哪些部分，以及設計和工程將對產品特性造成何種影響。結果顯示，在業者計畫的測試清單中，有一半以上與欲驗證的變更特性沒有太大關聯。確定測試清單的優先順序，並排除不必要的項目後，將驗證時間縮短為一個月。

縱使沒有依照業者「六個月完美檢測」，也能透過簡化為一個月的測試數據量產。當然，由於存在法律責任，所以其他被排除在外的測試項目，也在生產的同時進行測試，繞了一大圈，最後還是花了半年才結束整體測試。然而，如果盲目相信供應商的資訊而傻傻等待六個月，降低成本的機會便會就此消失。

PM的業務執行力，是直接影響企業利益的核心要素。隨著累積這類革新，公司又能抓住其他成長機會。將別人說辦不到的事變可行的能力，也許是他們的專業技能，不過從上述案例中可看出，運用「第一性原理思考」，即忠於本質解決問題，是任何人都可以擁有的執行力。

主動出面

卓越的PM不會只坐在桌子前討論理論。他們會挺身而出、主動解決問題，引導專案前行。在生活上也是如此，他們的執行力與眾不同。

那天，是和供應商召開商務會議的日子。供應商和特斯拉的高層主管聚集在帕羅奧圖總部開會，位於亞洲地區的與會者也同步開設視訊會議，正當議程進行到一半時，會議室的喇叭突然失去作用，聽不到亞洲地區與會者們說話的聲音。雖然只是短短一小時的會議，但由於得深入討論重要的商業事項，一分一秒都很珍貴。

我和組員們一邊努力修理設備，一邊尋找其他會議室。這時，我方的主管走近機器，隨即打開蓋子修理線路。沒過多久，便傳來亞洲地區與會者們的聲音。供應商們紛紛感到驚訝，而主管卻只是若無其事的笑了一下，並重新把蓋子蓋回去，坐回到位子上。

這其實是一件非常瑣碎的事，卻是PM具備主動工作態度的案例。如果發生在亞洲企業，應對的方法和結果將會大不相同。主管們可能會一臉不悅的坐在座位上，等人出面解決，底下的員工則急得像熱鍋上的螞蟻。陷入驚慌失措之際，會議時間也已經浪費了一大半。最後，管理設備的團隊必然會被究責。

當然，就算在矽谷，所有員工也不是打從一開始就具有主動的業務執行能力。舉例而言，我管理的小組成員們有各自不同的做事風格。有些人一遇到問題，會想辦法經由業者了解情況，並如實告訴我；而有些人則會先跑到生產線上直接面對狀況，透過各種提問縝密的掌握原因，然後再向我彙報。像這樣，所有人對問題的理解和處理方法有著天壤之別。

然而，如果不自己搞清楚特定資訊，只是盲目的轉達給上司，當事情發生變化時，便無法做出判斷。若不能自行導出改變預測的結果，便又得再次依賴業者。在這種情況下，即使業者做出錯誤的假設，若沒有驗證過程，很有可能一錯再錯。如此一來，終將會失去專案的主導權。

這種主動態度，在我現職工作的上司及高層主管身上相當明顯。實際上，在軟體公司，有時他們也會直接參與程式設計。這麼做是因為**只有親自製作，才能具體掌握問題是什麼**，並且在對相關部門指示業務時，提出有意義的建議。

如果是工程師，便會親身確認產品；若是供應鏈負責人，就會走訪生產的工廠；而身為主管，會直接在辦公室與部屬面對面溝通。如此一來，才能帶動快速的執行力。

我認為馬斯克取消居家辦公，讓全體員工重回辦公室上班，也是基於這個原因。最終，為了加強組織的整體執行力，提高實際感受及對議題的理解度非常重要，而這始於在現場積極溝通的態度。

按重要性制定執行順序

執行力強的PM在推行案子時，最先做的是確定優先順序。先按重要性排出執行清單，並分配給各功能的負責人，讓他們自行應對。接著，再進一步具體定義期待的目標。如果不建立清單，那就沒必要為了執行專案而開會。

來美國留學，並在矽谷工作後，我遇過很多當過職業軍人的人。在MBA見到的人才和在蘋果、特斯拉一起共事過的PM中，也有很多人出自軍中。對於在韓國出生、長大的我而言，對軍隊抱有成見，甚至還懷疑：「不曾在頂尖產業上過班的軍人，憑什麼可以留在這裡？」然而在美國，軍人是一種職業，軍隊也是一個可以學到強大執行力的地方。

實際上，在擔任採購的時候，我曾與軍人出身的同事共事過一年。雖然他們對技術的理解程度比負責工程的同事較低，但對於PM應扮演的角色，卻比擁有華麗背景的同事們做得更好。尤其是，管理時間較緊湊的議題，或是協調會議的內容及方向性，並將相關部門要做的工作具體制定成行動計畫，帶領團隊行動的能力非常優異。

如果PM不能引導相關部門行動，專案就無法成功。如果工程組無法遵守製作樣品的時間表，其他部門也會認為，不需要「照表操課」。這樣一來，解決議題的焦點就會變得模糊，而團隊的專注度也會下降，導致拖慢執行速度。因此，須按執行清單的重要性，制定優先順序，透過各階段的強烈推動力，引導部門行動。

09 用故事說服對方

ＰＭ所擔起的重要角色之一，就是加工資訊、提供價值。沒有實力的ＰＭ只能扮演訊息的轉達者，而該資訊也不會產生額外的附加價值。不論有多少有用的訊息，如果無法掌握重點、重新詮釋自己的專案，那就沒有任何用處。

特別是在發揮商業樞紐的供應鏈中，要處理和解釋的資訊無窮無盡。不僅得和業者分享外部資訊，公司內部也充斥著為了協調意見所需的加工資訊。如果ＰＭ不能忠實扮演好自身角色，企業就會抓不到解決問題的方向，專案也會被延後。

例如，為了節省成本，介紹新的業者進行產品測試，卻不能提供「為什麼要做這件事」的合理資訊，便無法說服既有團隊。

財務組為了節省投資在專案上的資金、工程組為了研發具備最高性能的產品、品管組則確保檢驗產品時，製程不會出現問題而傾注精力……各組別為了達成目標，每天都要從海量的資訊中揀選。因為組織中存在各種利害關係人，如果不能說服他人自己的專案將發揮哪些助益，便無法推動。為達成此目的，須具備超越資訊轉達的說故事能力。

說對方聽得懂的行話

PM們每天都會在會議上發表簡報。為了說服公司內部、外部的團隊，引導他們採取行動，我也加工了無數資訊，並做了多次簡報。其實，我不是從職業生涯初期就得到認可，爬到現在這個位置，也經歷無數次錯誤，更在跌跌撞撞的過程中，學到很多東西，這一路走來發生了許多令人羞愧到懷疑自己的事。

比如，進入特斯拉後約一年半左右，當時，我負責的產品正在量產，但特定供應商給的零件卻一直在生產線上出狀況。包括我的團隊在內，幾乎所有人都為了找出問題的根本，埋頭於各項實驗和分析。

然而，幾週過去了，我們依然找不到頭緒。全公司為了解決這個問題而絞盡腦汁，當然，連理事們也親自出面，扮演起獨立貢獻者的角色。我隸屬的供應鏈理事也為了給予幫助，直接和我對接。

他要求親自和我開會。我在那幾週間，一直被這件事困擾，也做過無數次的更新，因而失去繼續整理相關資料的熱情。我蒐集了工程組發表過的資料，有條不紊的統整到簡報中。為了讓理事便於查看，我甚至附上各種圖表及模擬模型，製作出足足五十餘頁的資料。

這是我和最近上任的理事的首次會面。不過，當時正值疫情期間，所以是以視訊的方式開會。我先是報告了工程組發表過的資料，接著開始補充說明。我和第一次接觸技術問題的理事，一起查看了令人眼花撩亂的圖表，以及除非是親自統理實驗數據的工程師，否則外人很難解釋的資料，就這樣度過了大部分的議程。

會議時間只有三十分鐘，當時我連提及議題和解決方法的時間都沒有就結束了。「下一個！下一個！」理事逐漸失去耐心、連聲嘆氣，藉此表達鬱悶之情。所有參加會議的人，都浪費了寶貴的時間來理解工程簡報，最終也沒有得出結論。

當天，我陷入了「職業生涯到此結束」的絕望中。據說，結束後，理事打了一通電話向我主管問道：「你覺得凱文需要什麼幫助？」從主管口中聽到這句話的瞬間，我就算立刻被公司炒魷魚也無話可說。

考慮你的聽眾，投其所需

那天的黑歷史，成了我寶貴的成長養分。之後，我透過更多訓練和實戰經驗，成功當上分組主管。在此過程中，我似乎領悟到ＰＭ應具備的溝通核心原則。

首先，要明確掌握受眾。可以利用「認識聽眾」（know your audience）的概念，這是傑出交流的第一個原則，也就是說，掌握聽眾的背景和目標為何後，靈活改變溝通風格，同時傳達資訊。

在組織內部，以各種條件將聽眾分組。例如，依照職務類別分類，可分成工程師、財務、供應商；如果按照員工角色分類，可分作獨立貢獻者、主管等。另外，還能區分成對該議題熟悉的人，或是第一次接觸的人。

回到前面提過的例子。就結果來看，是我沒有充分理解那天參加會議的聽眾。再者，理事的專業領域也不是工程，而是供應鏈。他的目標是檢視供應商們為了解決問題，是否朝著正確的方向行動，並試圖提供小組回饋意見。許多技術圖表和實驗數據使他無法發揮自身專業，如此一來，便對審視議題毫無幫助。

其次，即使沒有特定主題，所有的交流也都要有故事。就算有再好的資訊，如果無法順利轉達，也是無用之物。最重要的是，若自己沒有正確理解資訊，絕對無法說服他人。簡言之，這種資訊不過只是垃圾。

應該向管理階層傳達他們想知道的供應鏈議題，並聽取其建議。若設定了這些主題來準備會議，就不必蒐集工程組的技術資料，而是帶著站在供應鏈的角度重新解釋並闡述故事的資料來開會。

從那天起，我一邊回憶著上述兩大原則，一邊訓練溝通技巧。在往後的任何會議上，我再也沒有聽過別人反問我：「所以……？」

善於交流的人，既可以妥善分配工作，又能從上司手中得到回饋。為此，必須簡化複雜的資訊，將其加工成符合聽眾的需求，然後建立關於下一步該做什麼的「故事」。這就是優秀 PM 的策略性溝通技巧。

第5章

從蘋果到特斯拉，我學會駕馭人生

認不認識自己，會帶來天差地別的結果。

去大企業也好，去矽谷也罷，掌握自己內心世界的特性，有自信的投入值得挑戰的機會！

01

來到矽谷後我失去的東西

我偶爾會在睡前想像，如果我沒有來矽谷，而是留在韓國，現在究竟會過著怎樣的生活？脫離了熙熙攘攘的城市，在完全不同的環境中停留，感覺好像鬆了一口氣。但另一方面，想起過往辛苦工作一整天後，和前後輩們在晚上聚餐時喝著酒，一起又笑又鬧的回憶，卻又感到惆悵。我不禁會想，我在這裡得到了什麼，抑或是失去了什麼？

我在這裡得到的東西中，自然有與工作相關的技能，不過最重要的還是職業精神及新的工作價值觀。

首先，我學會了不等他人命令，主動工作的態度。在美國，主要使用「職業倫理」（work ethics）一詞，意思是無論有沒有人在看，都要以自己的標準處理業務

（如果是學生，就是不作弊、正直的參加考試）。

不看上司的臉色或等待指令，而是帶著主人思維，不論是在家上班，還是一邊吃午餐一邊辦公，工作方式不設限，為了成就自己負責的目標努力。這一點似乎不只對業務成果，也將對社會產生正面影響。

在美國，當人們在亞馬遜等網路商城購物時，換貨及退款等規定比較寬鬆，這是由於相信消費者的判斷與道德。正因如此，與其他已開發國家相比，花費在追究不必要的爭執或錯誤的社會成本明顯較低。

當然，我認為，無論身處哪個社會，如果能不因別人關注才去行動，而是以自身價值觀做事，不僅能在組織及社會中得到尊重，個人的自尊心也會提高，更可以減少社會成本。

其次，擺脫在嚴重的競爭社會中，以狹窄視野生活的態度，也讓我可以優先思考自己的工作是否對公司和社會有所幫助。過去的我，早已具備競爭意識，像是考試時會出哪些題目、該怎麼做才能戰勝其他組別，並獲得比同事更好的考績等。

然而，待過ＭＢＡ和矽谷企業後，我才知道，如果互相分享、表達各種想法，就會出現意想不到的創意和機會。即便因我的提問導致業務量增加，只要對公司有益，大家都會努力找出答案。就算其他組提出非常離譜的問題，但若能在對方身上看到之前沒能發現的價值，我也會以喜悅的心情傾聽。

站在個人利益的角度來看，透過大家分享的優質想法，讓公司的格局變大，最後回饋到自己身上的一定也會變多。將這點化為可能的就是人種和文化的多樣性，以及美國社會不會互相比較的特性。不過我認為，應該積極拋開背景，並採取開放的心態。特別是，應多加注意為了有限資源，而像考大學般競爭激烈的社會。否則，整個商業和經濟社會的機會就會變少。

最後是養成「先做再說」的習慣。在矽谷解決各種商業及製造問題時，我切身感受到，即使天塌下來，還是會有源源不絕的漏洞。此時，不該只是呆坐在辦公室裡看著電腦螢幕，而是應該親自前往工廠，站在工人和廠長的立場體驗設備如何運轉，並且拜訪業者，感受現場所發生的大小事。

即便是乍看之下相當瘋狂的想法，只要是對公司有幫助，就要先去試試看。因此，提問和會議的主要內容也會從「這樣不行、那樣不行」，轉變成「要不要先這樣做做看？」在學生時期，我常聽到的「把不可能變成可能」，居然到美國才實際感受到。雖然有些諷刺，卻也覺得這個想法超越了國界，不管在哪都能適用。

想要改變這種心態，都需要從個人做起。在此，我想向各位推薦一種方法。當心中開始冒出「這有可能嗎？」的想法時，必須立刻停止往下想，並思考：「為此需要什麼？」不要尋找過去發生過的類似先例，而是改變想法，將自己當成正在創造新的變數。

還有，就算是再小的事，今天也要馬上挑一個來執行！如果平常在電視節目中看到日漸融化的冰川，因而對氣候變遷議題產生興趣，那就試著不要開車或搭車，走路前往目的地。想知道除了平時經常走的路之外，還有沒有其他可以通往目的地的路線，那今天就換一條路走走看。無論如何，只要累積大大小小的成功經驗，不知不覺間思考框架也會產生變化。

矽谷看重的是自律

我來到矽谷後，也有失去的東西。

首先，我會感覺到自己像被孤零零的丟在一片曠野裡。我既有的集體觀念消失了。雖然不是期待那種可以從家人身上感受到的愛與保護，但在這裡，我找不到如同韓國社會及公司般第二個家的感覺。一想到這裡，我偶爾會感到孤獨。企業和我的關係完全是為了彼此利益而存在的契約關係。

在亞洲，職場嚴格說起來也是這種關係，但日常卻大不相同，公司錄取像白紙一樣的大學應屆畢業生作為新進員工，藉由多次教育，將其培育成人才。如此一來，員工就會更加信任、依賴引導自己走到今天的企業，並對其產生歸屬感與責任感。同時，如果特定組員的工作成果不盡如人意，其他人也會想辦法彌補不足，幫助維持組織和諧。在這樣的組織裡，很少有人會覺得自己是孤單一人。

在矽谷，我也重新定義了與他人和家人的關係。韓國的大城市因人口密度高，自然而然會產生各種聚會，但在矽谷，更多的是帶著特定目的的人際交流。由於最終留在自己身邊的是家人，所以和家庭成員之間的關係也會變得更加親密。

因此，如果是習慣將集體價值放在個人價值之前的人，將難以適應這裡的生活。在韓國時，早已習慣了個人先於集體的價值觀，所以來到美國後，便盲目喜歡上了這種新生活方式，但有時也會感到厭煩，懷念起韓國特有的擁擠、喧嘩。

第二點聽起來有些諷刺，那就是我失去了原有的工作與生活平衡。對我而言，那種朝九晚五，在辦公室裡將工作處理完，然後下班離開的概念已不復存在。

一提到在矽谷上班，人們往往會聯想到那些出現在社群媒體中的印象：加州天氣晴朗，以及谷歌園區的按摩、免費用餐等福利，然後羨慕的說道：「在矽谷，難道不會擁有更好的工作與生活平衡嗎？」其實在這種良好的辦公環境背後，如果沒有積極管理自身，就會產生職業倦怠。雖然自由工作的氣氛很棒，但兩者的界限也會因此消失，在不知不覺間倍感疲乏。

我一開始在矽谷工作時，因為沒有硬性規定上班時間，大家都以會議為主自行安排行程，而且可以自主決定辦公地點，在家裡或是任何地方都行，非常方便。

然而，如果沒有安排好行程，一整天都會在上班。在搖搖晃晃的通勤巴士上，以不良姿勢處理業務長達幾小時，直到睡前還在檢查電子郵件。或是想知道問題是否已被解決，故在凌晨時分也必須和合作夥伴通電話……這一切將占據日常生活。我也曾經歷職業倦怠，並在之後努力找回工作和生活的平衡。

如果亞洲地區出現重要議題，為了不讓自己在睡眠時間也焦急等待，我會提前向負責亞洲區的部門分享明確的要求事項及預想結果，以便他們代替我處理事情，並讓我可以回歸日常。如果沒有自信主動規畫工作與生活間的平衡，那麼亞洲的員工識別證可能會更適合你。

02

你有多自律，就有多自由

美國人相當重視「自我覺察」（self-awareness）。在亞洲，也流行藉由分析血型或ＭＢＴＩ（編按：Myers-Briggs Type Indicator，是一種人格類型分類法，也被稱為邁爾斯布里格斯性格分類法）等，掌握人們的性格。不管在世界上的哪個角落，人們似乎都很在意自己和他人的愛好。透過分析四種血型、十二生肖的特性，或是利用各種心理測試來了解自己，當然也是一種方法。然而，想要真正了解自己究竟是什麼樣的人並不容易，因為很難從第三者的立場客觀回顧行動。

屬牛的我，擁有公牛般的氣質。一旦設定某個目標，就會為了達到目的強力執行，直到完成為止。實現目標後，便會馬上開始關注其他主題。不過，真正讓人著迷的事物種類及數量有限，有很多主題都是因好奇心而引起興趣，想當然耳，很快就會冷卻下來。

雖然這是我第一次用文字記錄下性格，不過從大學時期到現在，我好像一直在努力認識、理解自己。例如，我會反省過去的決定、為何會有這樣的想法和判斷。另外，我喜歡旅行、冥想。每天洗澡時，或是偶爾在附近散步時，我也會在腦海中自問自答，這樣的習慣令我感到既好笑又害羞。

建立自我覺察的能力

我在矽谷擔任主管之前，一直努力認識自我。我知道自己富有好奇心和執行能力，站在職業生涯的十字路口時，也做出了適合自身的選擇。

我認識的自己，是一個只要有想要的東西，即使身處於令人滿意的現實，也會毫不猶豫的離開、果斷選擇挑戰新計畫和機會的人。雖然我主修電子工程，但對即將成為韓國新寵兒的電池領域也產生了興趣，毅然決然進入化學企業，並且為了熟悉整個電池產業，先是在ＬＧ化學研究所擔任工程師，後來又調到總公司的商務部門，負責新商品的企劃。

此後，因渴望經營領域的知識，我放棄了非常樂在其中的商品企劃，決定前往美國留學。身為較不擅長文科、沒有海外留學或居住經驗的我，卻帶著像律師般清晰的邏輯，用英文進行了比自己的主修科系還要困難的GMAT考試。

實際上，在申請MBA時，和我一起備考的人之中，大都由於各種原因，最後放棄了。像是準備GMAT考試時力不從心，導致考試結果不理想而受挫；因公司業務負擔過重，無法持續籌備海外留學；又或是企業正好提出升遷機會、分紅獎勵，因而決定延後，甚至直接放棄留學。如果我也是一個缺乏執行能力的人，那麼比起每天在公司辛苦上班一整天後，還要去咖啡廳準備GMAT考試，我可能會更想要和同事、朋友們一起去喝酒。但這樣一來，我絕對不可能去留學。

我想說的不是「要有耐力」之類的空話，也不會輕易說出要像我一樣享受變化、勇於承擔風險的建議。每個人對人生都有自己獨特的定義，要找到和活出自己獨特的價值。如果還沒有找到，就不斷努力去尋找。去大企業也好，去矽谷也罷，掌握自己內心世界的特性，有自信的投入值得挑戰的機會！

從MBA畢業後，起初我並沒有計畫在蘋果工作。而且，採購業務對當時的我來說，實在太過陌生，也不知道有這樣的職務。當時，我只是不斷問自己重視的東西為何？我知道自己並不害怕改變，甘願承受其帶來的風險，因此在畢業前夕，我做出想要在蘋果採購組工作的決定後，動員了所有人際關係和資源，努力準備面試，最終得到這份職缺。如果我沒有意識到自己是什麼樣的人，採購將會成為與我毫無關係的職業選項之一。

傾聽內心，就能看到未來之路

那麼，我為什麼會有這樣的特質？了解自己的其中一種好方法就是回顧過去，像拼圖一樣蒐集至今為止還留在身上的生動記憶。若某段記憶到現在還歷歷在目，代表這是真的具有正面或負面意義的事。或許是家庭環境，也有可能是學生時期的生活、地區的特色和天氣、曾經待過的社區、國家、朋友、健康等多種因素。

現在，讓我提出幾個記憶猶新的事件。就讀小學二年級時，父親辭去工作，準備創業前，曾去美國短暫參加過語言研習。當時，他從美國寄回家的信中寫道：「擁有一雙藍眼睛的老師直接坐在桌子上，好像看到新奇事物似的仔細打量著我。」這段話至今仍令我印象深刻。有別於每天都會看到長相類似的人，我開始想像擁有一雙藍眼睛的人會是什麼樣子。從那時起，我不知不覺對世界感到好奇。

升上國中後，我對逐漸遼闊的世界感到更加好奇，因此希望能考上外語高中。然而，由於英文成績不好，最終沒能錄取。我痛苦的將通知單握在手上，這是我人生中第一次被「正式拒絕」。

對正處於青春期的我來說，雖然很想在像外語高中一樣的男女合校度過我的高中時期，但繼男子國中之後，我又進入男子高中就讀，這一度讓我覺得非常氣憤。一想到那些有幸就讀外語高中的錄取者，我的心中就充滿憤怒。

「不管是什麼，我都要獲得比考上外語高中更好的結果。」我不想輸給想像中如願考上外語高中的自己，高中三年，我放下對學生時代的快樂和期待，帶著付出多少努力，就能取得多少結果的信念，專注在讀書上。

我沒有特別想完成的夢想，只是為了得到最佳成績拚命向前奔跑。就這樣，專心學習了三年，也養成如牛般努力不懈的特質。

無論是讀書、工作，還是其他挑戰，只要知己知彼，就能百戰百勝。努力挖掘屬於自己的方法，試著了解自我。然後，接受自己，寬容的觀察這個世界，如此一來，你就會看到一些前所未見的東西。

03

我從歷史學到的事

了解自己是一項直到生命盡頭都不會結束的功課。就像世界不斷變化，自身和所追求的價值也在改變。我並不認為來到矽谷一切就結束了，現在的我也在持續發現新的自我。

如果有了新的追求價值，也會努力引導自己朝著這個方向前進。就像今天買了 iPhone 或 Model Y，並不代表產品的發展將停留在某一刻，會不斷更新軟體，朝著產品最終追求的境界進化。

人們也會問我，為什麼會有這樣的煩惱？如果繼續在目前的位置擔任採購，不但可以提高身價，想要我的公司也會變多。目前，在領英（LinkedIn）等求職平臺，來自各產業群和各種職業的人，為了取得資訊或抓住工作機會與我接觸。

駕駛電動車已成為當前趨勢，而身為其核心元素的電池產業，也是最熱門的領域，不僅是電動車公司，從傳統汽車公司的季度業績報告來看，主要都在談論電動車及其電池計畫。對他們而言，我現在的煩惱似乎相當多餘。

減少無效率的工作方式

在矽谷定居已有一段時間，心理上也有餘裕可以回顧過往的努力，並了解不斷變化的自己。

比起設定長大後要成為科學家或醫生的目標，我更想掌握個人特質，並運用它進一步發展，抓住符合自身價值的機會。同時也想塑造自我認同感。因此，即便是現在，如果有人問我十年後的目標是什麼，我仍回答不出來。這是個勉強給出答案，也無法讓人產生共鳴的問題。

最近，我發現自己討厭世上沒有效率的東西。

某天，我搭車時，司機猛踩油門加速，速度加快後，一看到前面的號誌變成紅燈，便踩了剎車。當速度減慢時，我清晰的感覺到輪胎和地面的摩擦，以及剎車傳來的壓力和熱氣——我非常討厭這樣的開車效率。

回顧我的職業生涯，似乎對扮演採購，以及透過提高商業效率來創造收益與研發優質產品、投資新的機會很感興趣。歸根究柢，很多事情的成功和失敗取決於做事的效率，也就是說，要減少無效率的工作方式，如此一來，世界或許會描繪出更好的未來。

若想提高效率，就要對每件事保持好奇心，深入挖掘問題，並重新審視世界。這樣一來，從未見過的問題和機會就會浮出水面，也會出現透過挑戰獲得成就的事。同時，現在就要做好身體和心理準備，以便在日後出現挑戰時，發揮瘋狂的執行力。

開放心態，站在機會中心

在了解世界時，若以逐漸成長的產業為主，再配合自己的感官雷達，抓住好機會的可能性很大。人工智慧和永續能源（sustainable energy）是全球矚目的領域。而在實際生活中最能直接感受到的是電動車。

與我剛來到矽谷時相比，現在路上的電動車數量明顯增加。儘管如此，全球電動車銷量還不到整體汽車總銷量的五%。因此，如果想要達到百分之百，目前還處於剛起步階段。電動車不僅會得到全球法規和政策的幫助，還會因電池價格下跌，降低消費者取得的壁壘，這是必然成長的產業之一。

身為機械工程師的你，如果在發明新事物時感到喜悅，認為提高產品性能很有價值，比起煩惱內燃車的引擎，研究電動車動力系統（power train）將有助於抓住更好的機會。又如果你喜歡地球科學，時常思考埋在地下的資源在哪，並且在尋寶時會感受到快樂，那麼比起在石油公司工作，在採集鋰或鎳等礦物、提煉出電池主要原料的公司傾注熱情，更有可能獲得職業生涯上的成長。

那麼，我們究竟該如何得知哪些是正在成長的產業？

預想未來時，我經常從過去尋找提示，也就是其他國家或文化的歷史。學生時代的我非常討厭韓國史等與歷史有關的科目。當時我認為，背誦哪一年、發生了什麼事，並在考試時寫下正確答案一點意義也沒有，而且還很沒效率。

然而，出社會後，我個人遇到了幾次「啊哈！」的瞬間，這也讓我重新對歷史產生興趣。在韓國工作時，我曾前往英國出差。在學生時代，我認識了被稱為「日不落帝國」的大英帝國，也知道印度和香港曾受英國統治，直到近代才獨立。但這些經驗並不是單純的旅遊，而是為了商務前往這個曾經掌握世界霸權的國家出差，這令我激動不已。

當時，我去到以高級車聞名的英國汽車品牌捷豹（Jaguar）／荒原路華（Land Rover）出差，進入辦公室後，著實嚇了一大跳。這裡的印度人居然比英國人還多。開會時，大部分決策者都是印度裔，甚至企業本身也出售給印度的塔塔集團（TATA），嚴格來說，這根本就是一家印度公司。

曾經被統治的國家，現在居然支配著英國唯一的汽車公司。此外，前英國總理里希・蘇納克（Rishi Sunak）也是印度裔。我很好奇究竟是什麼原因，造成如此大的轉變。

我對於各國的民族性、天氣、資源等，可能影響人類歷史的各種主題也產生了好奇心。就這樣，我一點一滴研究歷史，領悟到數千年的人類歷史中，存在著導致帝國發展和滅亡的模式及其變化的核心要素。學歷史對我來說不再只是單純的背誦，而是一百八十度轉變成探索自主的領域。

隨著我開始對歷史萌生興趣，自然也對當前的世界和人、文化與未來感到好奇。如果以理解歷史和自己獨有的觀點觀察世界，就能產生解釋未來的獨特力量。

發掘日益成長的產業，最好的方法就是閱讀報紙。我每天都要看報紙，並用自己的觀點詮釋世界。那三十分鐘對我來說太幸福了，也讓我開始期待早晨的來臨。我的心情就像國小時，每到節日收到親戚、長輩送的綜合禮品組般激動。

報紙使我如外交官般，能快速掌握國際局勢，或是當我對特定產業感興趣時，也能像華爾街分析師一樣，分析報導並描繪未來。

希望讀著們也可以每天讀報紙、提出優秀的問題，並一直以開放的心態生活。如此一來，就能站在過去不曾想到的機會中心。

附錄A 報考耶魯商學院小論文

在此，我想與讀者們分享申請耶魯大學MBA時的小論文全文（原文如下方所示，譯文請見第二五二頁至第二五三頁）。我寫文章的能力並未特別出眾，英語程度也沒有優秀到媲美母語人士。我希望可以提供一些參考範本，給像我一樣在非英語系國家出生長大、在有正職工作的情況下，準備申請美國大學MBA的人。

The Yale School of Management educates individuals who will have deep and lasting impact on the organizations they lead. Describe how you have positively influenced an organization as an employee, a member, or an outside constituent.

My greatest impact that influenced my organization and industry was transforming an innovative idea into reality, at a major global company, that would generate the multi-billion dollar business that I had envisioned it would.

Despite LG's superior Lithium-ion battery technology, electric cars had not been selling well until 2011. The market

▲ 申請耶魯大學MBA的小論文原文。 （接下頁）

wasn't ready and customers were unwilling to buy electric vehicles in large numbers. In response, LG established a product planning department to direct its business strategy. Although I had a successful position in the development division with 43 patent filings for my inventions, I did not hesitate to accept LG's invitation to product planning, since this would be the perfect opportunity to apply engineering theories to business.

Part of my new responsibilities was to meet with leaders at over 30 automotive companies around the world to discuss current global situations from their perspectives and consider new solutions to current problems. During the process, one realization I had was that all of the monster-size batteries for long-range driving we had been producing were too costly to make electric cars attractive. My idea then emerged for creating a compact battery-pack for only the ignition phase to significantly reduce the consumption of fuel in gasoline-powered automobiles.

Transforming my new ideas into reality was not easy. The biggest challenge was to unite all of the company stakeholders in this project so that everyone was in agreement and enthusiastic about moving forward. Our sales teams had difficulty sensing what automakers genuinely wanted because they lacked engineering expertise, and thus could not give useful directions or valuable information to the development division. Also, our engineers could not understand customer preferences, and thus had trouble

（接下頁）

developing and describing technical features that would be attractive to our clients. By orchestrating team collaboration via leading conference calls and then spending considerable time discussing with each leader individually, I was able to bridge the technical communication gaps between diverse groups of experts to get everyone working toward the same goals and understanding their roles in the overall project more clearly. My past engineering experience at this time was extremely helpful.

Twenty-one days later, excellent output from each functional division emerged that showed we were finally on the same page, so I synthesized all of the material into a bigger corporate picture that everyone at LG could understand and appreciate. All that remained was to persuade top management at LG headquarters that our new business plan and prototype were reliable enough to support. Fortunately, the leadership was impressed with our work and gave us permission to proceed.

Success from my work finally began with a contract with ○○ that has since spawned a ○○ billion micro-hybrid market that nobody thought was possible when I first shared my vision. This positive impact was possible since careful analysis of diverse human strengths, weaknesses, and desires, paired with effective strategies for bringing everyone together in ways that make the best use of their strengths and preferences, yielded excellent results that pleased everyone.

耶魯大學商學研究所旨在培養對企業發揮深遠影響力的未來領導者。請說明身為員工、團隊成員或外部利益相關者，如何產生正面影響？

我對企業與產業的最大影響力是將創新的想法化為現實，藉此打造出數十億美元規模的市場。

儘管ＬＧ擁有出色的鋰離子電池技術，但截至二〇一一年為止，電動車的銷量仍舊不佳。由於市場尚未準備好，很多消費者沒有購買意願。因此，ＬＧ成立了可以主導商業策略的商品企劃部門。當時我雖然是在研發部門擁有四十三項專利的研發者，不過我認為，這是一個將工程理論應用於商業的好機會，所以毫不猶豫接受了公司的提議。

在新的職位中，我透過與全球三十餘家汽車公司領袖開會，從他們的視角中探討當前的世界局勢，並考慮新的問題解決方案。我意識到，如果想利用公司長久以來生產的長途行駛用電池，讓電動車更具吸引力，投入的費用將會過高。當時，我從小型電池模組可以大幅減少油車燃料消費的想法中，看到了未來。

然而，要將這個想法化為實際並不容易。最大的挑戰是讓企業所有人同意這個想法，並具備朝著相同目標前進的意志。由於銷售團隊缺乏工程專業知識，難以掌握汽車製造商真正想要的東西，所以無法為研發部門提供有用的指引或情報。此外，工程師們也不了解客戶的喜好，因此很難開發出極具魅力的專業技術。

我透過主導會議、協調團隊間的合作，克服了各領域專家在其中的技術溝通障礙，幫助大家互相配合，也確立自己在整個專案中所扮演的角色。當然，過去的工程師經驗，也為我提供了寶貴的助益。

二十一天過後，各部門都取得了優異的成績，我們也終於朝相同方向前進。同時，我整理了各類資料，令相關部門的同仁更輕易理解專案。剩下的就是說服LG總公司的最高管理層，以此證明我們的新事業計畫值得信賴。最終管理階層認同該專案的潛力，並允許我們著手進行。

專案的成功源自於與〇〇公司簽訂的合約，藉此打造出大家都認為不行，卻價值〇〇億美元規模的新微型混合動力市場。而這份成功奠基在審慎分析不同人群的優缺點與熱情，並結合有效策略，盡可能激發他們的能力，從而達到最佳效果。

附錄B 在內華達超級工廠的實習經歷

在特斯拉超級工廠的那個夏天，耶魯大學校方表示想要採訪我的實習經歷。於是，我用部落格形式整理了現場經歷，以及如何將MBA學到的東西應用在實務上。在此與讀者分享如下（原文標記處附有譯文，譯文請見第二五六頁至第二五七頁）：

Internship Spotlight: Kevin Park '17

Kevin Park | August 5, 2016

What are you doing this summer? We asked rising second-year MBA students to check in from their summer internships, where they are applying the lessons of their first year at Yale SOM.

Kevin Park '17

Internship: Tesla Motors, Inc., Gigafactory, Sparks, Nevada

Home country: Seoul, South Korea

Favorite Yale SOM Class: The Executive

1 My summer at **Tesla** has been priceless. I have worked on various projects within such a short time, and because Tesla is a unique place that is both a big company and a startup, everyone can make a direct impact. I learned to be agile and that, when employees are aligned with a mission like they are at Tesla, the organization can achieve impressive goals very quickly.

（接下頁）

2

"As part of the Gigafactory design team, I am building Gigafactory 1, a factory that is critical to launch an affordable, mass-market electric vehicle, Model 3. We refer to our work as "building a machine (Gigafactory) that builds the machine (Model 3)." I have been leveraging what I have learned at Yale SOM by taking into consideration multiple stakeholders – competitors, customers, investors, employees, innovators, and executives. I've also recognized three principles from SOM in practice at Gigafactory."

Tesla Model S and X

The first involved reinventing manufacturing processes by imagining the factory as a product and to never stop innovating. Similar to the marshmallow challenge in Innovator class, balancing innovation and structure is key to achieve this goal. Therefore, I designed a new workflow that optimized the engagement between teams and clarified deliverables. This helped reduce the overall factory design schedule from 17 months to only three.

Second, Tesla uses first principles physics analysis for all work, from development to decision making. As I learned in Modeling Managerial Decisions class, the frame that I use at the very first stage affects whole processes and results. I used this approach when designing battery manufacturing processes to optimize the speed and density of production, and suggested a plan to reduce inventories by 43% at the bottleneck process.

（接下頁）

Third, I experienced the true value of vertical integration at Tesla, which I learned in Competitor class. The success of our mass-market vehicle depends on how we can eliminate double, triple,

and quadruple marginalization. I am working on a battery recycling project to revise the supply chain by recycling raw materials from both manufacturing processes and end-of-life products.

3 On July 29, we had the Gigafactory grand opening event. I volunteered to run the test drive of Model S and X for our guests. My colleagues and I shared the very same passion for Tesla as our customers. We shouted with joy when Elon Musk gave a speech for the event, saying Gigafactory will have the largest footprint of any building in the world. This summer was the pinnacle of my life, and I am lucky to be on board in this world's transition to sustainable energy. Thank you, Yale SOM and Tesla.

Watch a **video** about the Tesla interns' experience this summer.

出處：som.yale.edu 部落格。

1. 那個夏天，真的是一段很有價值的時光。我在短時間內參與了多個專案。特斯拉是同時兼具大企業及新創企業的特別場所，任何人都可以發揮直接影響力。在那裡，我學會了靈活變通，並意識到如果所有成員都可以像特斯拉的員工一樣，為了任務而工作，小組很快就能實現目標。

2. 身為設計組的一員，為了推出價格低廉、大眾化的電動車 Model 3，我正在建造扮演重要角色的一號超級工廠。我們把自己的工作稱作「製造機器（Model 3）的機器（超級工廠）」。運用耶魯大學商學院所學，考慮到競爭對手、顧客、投資者、員工、改革者及管理人員等各種利害關係人後，再執行工作。我認為，其中有三點也適用於超級工廠。

3. 七月二十九日，我們舉行了華麗的超級工廠啟用儀式，我以協助客戶試駕Model S及Model X的志工身分參與該活動，和同事、客戶一起分享對特斯拉的熱情。當聽到馬斯克在活動中說，超級工廠是世界上面積最大的建築時，我們不禁大聲吶喊。這是我人生的顛峰。我覺得自己非常幸運，可以把世界轉換成永續能源。在此，我也要向耶魯大學商學院及特斯拉表達謝意。

附錄C 特斯拉主管凱文的一天

上班族的生活，無論在哪裡都很忙碌。在特斯拉時，一天的行程雖具有規律，卻也無規則可循。不，應該是說，時刻都會出現新的議題，因此必須不斷與相關負責人溝通（不是會議）。即使矽谷上班族的生活面貌略有不同，我也試著整理自己在特斯拉的一天。

7:00 起床。

8:00 送孩子去幼稚園後，到公司上班。

◀ 利用自動駕駛從舊金山的家開車上班。上下班時間不是在收聽廣播新聞，就是在開會。冥想，也會有很大幫助。

9:30　抵達位於帕羅奧圖的辦公室。

◀ 特斯拉的原總部。

◀ 辦公室入口的充電站。如果電動車的剩餘行駛距離在 70 英里（大約 110 公里）以下，則會免費替員工泊車和充電。

9:35～10:00　在一樓買好咖啡後，前往辦公室確認郵件。

接著，整理今天要處理的工作順序。

▲ 公司大廳內擺放的特斯拉半掛式卡車模型與特斯拉Powerwall。Powerwall是一款可以儲存電力，且在電網中斷時，能自動感知停電、成為電源的住宅用電池。

10:00～12:00 每週的供應會議等，以30分鐘為單位，與其他工作人員舉行會議。

午餐時間不限定在某時段。通常會是中午12點到下午1點之間，利用沒有會議的空檔，簡單吃個午餐，並沒有像韓國一樣的中午聚餐文化。

▲ 公司內的餐廳或餐車販售的午餐，也有很多人會在家裡準備好便當帶過來。

▲ 公司停車場旁山坡上的風景。通常我會在這裡和同事們一起共進午餐，或是進行輕鬆、歡樂的活動等。旁邊也有騎馬場，因此經常能看到騎馬的人。

13:00～13:30 與我的組員召開每週小組會議。

13:30～14:30 定期工程會議。

14:30～15:00 準備下午 4 點會議所需的資料。

15:00～15:30 和我的組員魯迪的一對一會議，分享需要協助的部分、專案成果、主要議題、個人的最新進度等。

15:30～16:00 與高階主管（上司）的一對一會議。上司分享是否需要幫忙、團隊的方向和成果好壞、出差計畫等。

一對一會議不做報告或指示等單方面溝通。主要是諮詢工作方向或是互相請求幫助。特斯拉雖是製造業，卻具有很強烈的新創產業氛圍。

16:00～17:00 亞洲供應商（合作公司）會議。

17:00～18:00 下班的同時，與亞洲供應商開會。在回家路上，也會一邊開車，一邊繼續開會，這已成為日常慣例。

18:00～20:00 吃晚餐、和家人待在一起。

▲ 這是典型的矽谷街頭光景。在傍晚時分，時常能看到人們一邊享用簡單的晚餐及飲料，一邊互動交流。由於天氣溫和，民眾也很常在戶外用餐。

20:00～21:00 主要是個人時間，不過偶爾也會與國際組召開每週會議。

21:00～22:00 看網飛（Netflix）、YouTube 等，度過個人時光。

22:15～22:30 最後再確認一次郵件，檢查其他國家的國際組是否有緊急議題。

22:30 上床睡覺。

國家圖書館出版品預行編目（CIP）資料

從蘋果到特斯拉，我學會駕馭人生：從底層外來生物晉升到主管，厲害的矽谷人怎麼工作？不做社畜，那些工作上能做自己的人做了什麼？／朴奎河著；莊曼淳譯.
--初版, -- 臺北市：大是文化，2024.08
272頁；14.8×21公分. --（Biz；460）
譯自：나는 테슬라에서 인생 주행법을 배웠다
ISBN 978-626-7448-56-4（平裝）

1. CST：職場成功法　2. CST：自我實現

494.35　113005421